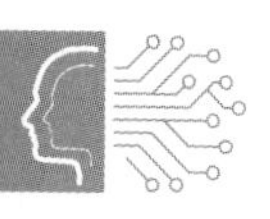

高等学校 智能科学与技术/人工智能 专业系列规划教材

人工智能基础

基于Python的人工智能实践

罗娜 金晶 编著

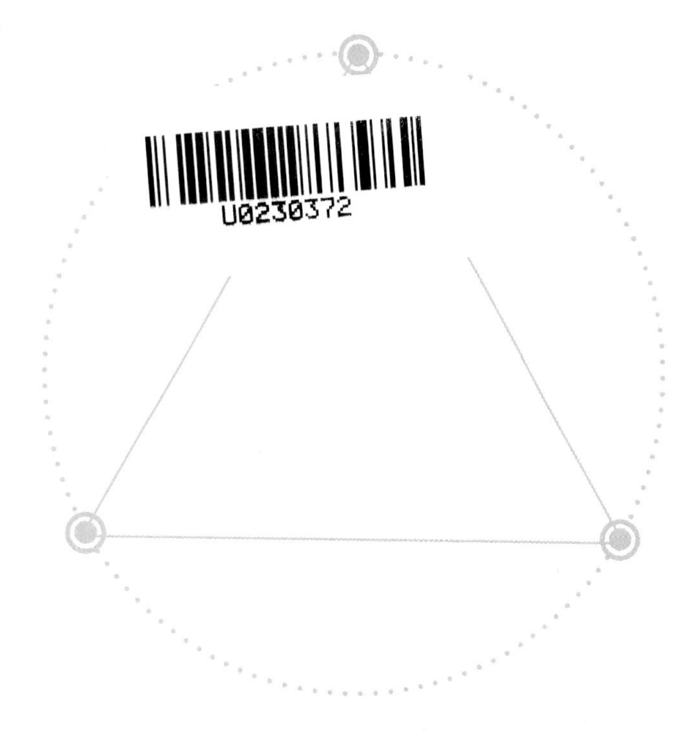

化学工业出版社
·北京·

内容简介

本书系统阐述了人工智能的基本原理、方法和应用技术，以知识为线索，分为知识搜索、知识发现、知识推理和知识应用四个部分，全面反映了人工智能领域国内外的最新研究进展和动态。为便于读者深入学习，每章的最后一节均配有相关方法的案例和编程内容，大部分章末配有课后练习，读者可扫描书中二维码获取相关代码和参考答案。

本书可作为高等学校智能科学与技术、人工智能、自动化、机器人工程等相关专业学生学习人工智能课程的教材，也可供从事人工智能研究与应用的科技工作者参考。

图书在版编目（CIP）数据

人工智能基础：基于 Python 的人工智能实践/罗娜，金晶编著. —北京：化学工业出版社，2021.8

高等学校智能科学与技术/人工智能专业系列规划教材

ISBN 978-7-122-39284-8

Ⅰ. ①人… Ⅱ. ①罗… ②金… Ⅲ. ①人工智能-高等学校-教材 Ⅳ. ①TP18

中国版本图书馆 CIP 数据核字（2021）第 115890 号

责任编辑：郝英华　　文字编辑：蔡晓雅　师明远

责任校对：宋　玮　　装帧设计：史利平

出版发行：化学工业出版社（北京市东城区青年湖南街 13 号　邮政编码 100011）

印　　装：三河市双峰印刷装订有限公司

787mm×1092mm　1/16　印张 11¾　字数 266 千字　　2022 年 3 月北京第 1 版第 1 次印刷

购书咨询：010-64518888　　售后服务：010-64518899

网　　址：http://www.cip.com.cn

凡购买本书，如有缺损质量问题，本社销售中心负责调换。

定　　价：49.00 元

前言

作为一门极富挑战性的科学，人工智能试图通过对智能本质的研究，使机器能够以类似人类的方式做出反应。随着人工智能理论和技术日益成熟，应用领域也不断扩大，涉及机器人、语音识别、图像识别、自然语言处理和专家系统等方向的科技产品层出不穷。

本书以人工智能的基础理论和实践为主，以知识为线索，涵盖知识搜索、知识发现、知识推理和知识应用四个部分。全书首先从智能的定义开始，就人工智能的发展历史、学派进行了梳理，在此基础上，展望了人工智能的未来。在第一部分知识搜索中，主要就基本搜索算法，包括盲目搜索和启发式搜索算法以及智能搜索算法进行了展开，并以多个实例给出了各算法的寻优路径。第二部分知识发现主要围绕如何从数据中得到若干规律展开，按照算法的难易程度，分别介绍了机器学习领域的概念学习、决策树算法、线性回归、逻辑回归，然后介绍了以统计学习理论为基础的贝叶斯方法和支持向量机。对于神经网络算法，本书从感知器网络开始介绍，一直到讲到当前热门的深度学习方法，包括卷积神经网络和循环神经网络。对于无监督学习问题，本书给出了三种聚类算法，包括最常用的K均值算法，最好用的DBSCAN算法以及谱聚类算法。本书第三部分为知识推理部分，主要内容包括知识表示和经典逻辑推理，给出了常用的多种知识表示方法，以命题和谓词逻辑为基础，重点描述了自然演绎推理和归结演绎推理，最后对常见的推理案例进行了编程实践。本书的第四部分给出了专家系统、人脸识别、自然语言处理三个实例，重点突出了人工智能方法在这些领域如何应用。

本书系统地涵盖了人工智能的相关内容，简明扼要地介绍了这一学科的基础知识和基本方法，同时对专家系统、人脸识别、自然语言处理等应用进行了拓展，更辅以实例给出了具体编程的解决方案，从而帮助读者更好地打牢基础。本书的编写力争做到特色鲜明，内容选取以易读易学为宗旨，并提供了丰富的案例和程序代码，为加深思考和复习巩固，重点章节后均附有课后练习。为方便读者学习，本书中的程序代码、课后练习答案可在书中相应位置扫描二维码阅读或下载；同时本书还配有微信公众号（人工智能基础），给出了各章节知识相关的解决方法、编程实践等内容。

本书由罗娜、金晶编著。在本书编写过程中，华东理工大学信息科学与工程学院的领导和老师创造的浓厚的学术研究氛围和宽松的写作环境，为作者完成此书提供了各方面的支持；作者的研究生冯勇、闵彦钧、范振杰、黄家骐利用课余时间协助核对了各章的程序代码，在此，特致以诚挚的感谢。

限于作者水平，书中难免存在不足和疏漏之处，望各位读者斧正并提出宝贵意见，以期再版时修订、完善。

编著者

2021 年 7 月

全书代码资源

目录

第 1 章

概论

人工智能作为一个新兴的学科在社会生产生活中产生了极大的影响。本章主要从人工智能的历史展开该学科的发展画卷，给读者呈现出人工智能的总体发展情况及未来发展趋势。

学习意义

通过对人工智能发展历史的学习，理解人工智能的主要学派，对人工智能的发展趋势有一定的认识。

学习目标

- 了解人工智能的发展历史；
- 熟悉人工智能的三大主流学派；
- 对人工智能的未来发展方向有一定认识。

1.1 什么是人工智能？

人工智能（artificial intelligence，AI）是研究、开发用于模拟、延伸和扩展人的智能的理论、方法、技术及应用系统的一门新的技术科学。作为计算机科学的一个分支，人工智能企图了解智能的实质并生产出一种新的能以人类智能相似的方式做出反应的智能机器。

那么什么是智能？阿兰·图灵（Alan Turing, 1912—1954）1950 年在英国哲学杂志《心智》上发表的论文“计算机器和智能”中提出了图灵测试（Turing Test）的思想，图灵测试也成为测试人工智能系统是否具有智能的最著名的方法。在图灵测试中，一位测试者与被测试者相互隔离、不能进行直接交流，测试者通过信息传输和被测试者进行一系列的问答，在经过一段时间后，测试者如果无法根据获取的信息判断对方是人还是计算机系统，那么就可以认为这个计算机系统具有同人类相当的智能。当然，图灵测试只对人工智能系统是否具有人类智能回答是或否，并不对人工智能系统的发展水平进行定量分析，而且测试的智能或智力种类过于单一。在测试方法上图灵测试也存在漏洞，容易被测试者找到漏洞从而产生作弊行为。

对于人工智能，不同专家给出了不同的定义。Lisp 语言发明者、斯坦福大学人工智能实验室的主任约翰·麦卡锡（John McCarthy）于1955年给出的定义是制造智能机器的科学与工程。安德里亚斯·卡普兰（Andreas Kaplan）和迈克尔·海恩莱因（Michael Haenlein）将人工智能定义为系统正确解释外部数据，从这些数据中学习，并利用这些知识通过灵活适应实现特定目标和任务的能力。1981年巴尔（A. Barr）和费根鲍姆（Edward Albert Feigenbaum）认为：人工智能是计算机科学的一个分支，它关心的是设计智能计算机系统，该系统具有与人的行为相联系的智能特征，如了解语言、学习、推理、问题求解等。1983年伊莲·里奇（Elaine Rich）给出的定义是：人工智能是研究怎样让计算机模拟人脑从事推理、规划、设计、思考、学习等思维活动，解决至今认为需要由专家才能处理的复杂环境。尼尔斯·约翰·尼尔森（Nils John Nilsson, 1933—2019）的定义如下：人工智能是关于知识的学科——怎样表示知识以及怎样获得知识并使用知识的科学。帕特里克·亨利·温斯顿（Patrick Henry Winston）认为：人工智能就是研究如何使计算机去做过去只有人才能做的智能工作。尽管对人工智能的定义略有不同，但不可否认，人工智能是研究人类智能活动的规律，构造具有一定智能的人工系统，研究如何让计算机去完成以往需要人的智力才能胜任的工作，也就是研究如何应用计算机的软硬件来模拟人类某些智能行为的基本理论、方法和技术。

1.2 人工智能的发展历史、现状及未来发展方向

1.2.1 人工智能的发展历史

AI的起源可以追溯到丘奇（Church）、图灵（Turing）和其他一些学者关于计算机本质的思想萌芽。早在20世纪30年代，这些学者就开始探索形式推理概念与即将发明的计算机之间的联系，建立起关于计算机和符号处理的理论。在计算机产生之前，丘奇和图灵就已发现数值计算并不是计算的主要方面，而仅仅是解释机器内部状态的一种方法。被称为“人工智能之父”的图灵，不仅创造了一个简单的非数字计算模型，而且直接证明了计算机可能以某种被认为是智能的方式进行工作，这就是人工智能的思想萌芽。

1956年夏，以达特茅斯大学的副教授麦卡锡（J.McCarthy）、从事数学与神经学研究的明斯基（M.L.Minsky）、信息论专家香农等为首的一批有远见卓识的年轻科学家共10人，在美国达特茅斯大学举行了为期2个月之久的学术会议，而这次会议的主题就是“达特茅斯夏季人工智能研究计划”，探讨如何用计算机在数学、物理学、神经学、心理学和电子工程学等方面模拟人的智能行为。虽然这个会议实际只进行了一个多月，也没产生什么具有影响力的研究成果，但是这个会议首次正式提出“人工智能（artificial intelligence，AI）”一词，标志着人工智能这门新兴学科的正式诞生。在人工智能学科随后的发展历程中，学术界可谓仁者见仁、智者见智。一般来说，人工智能的发展历程可以划分为以下6个阶段：

1956年至20世纪60年代初：起步发展期。达特茅斯会议之后的数年是大发展的时代，涌现了大批成功的AI程序和新的研究方向。这一阶段开发出的程序堪称神奇：计算机可以解决代数应用题，证明几何定理，学习和使用英语。人们掀起人工智能发展的第一个高潮。

20世纪60年代至70年代初：反思发展期。人工智能发展初期的突破性进展大大提升了

人们对人工智能的期望，人们开始尝试更具挑战性的任务，并提出了一些不切实际的研发目标。然而，由于接二连三的失败和预期目标的落空（例如，无法用机器证明两个连续函数之和还是连续函数、机器翻译闹出笑话等），人工智能开始遭遇批评，随之而来的还有资金上的困难。人工智能的研究者们对其课题的难度未能作出正确判断，此前的过于乐观使人们期望过高，当承诺无法兑现时，对人工智能的资助就缩减或取消了。同时，由于 Marvin Minsky 对感知器的激烈批评，连接主义销声匿迹了十年，使人工智能的发展走入低谷。

20 世纪 70 年代初至 80 年代中期：应用发展期。20 世纪 70 年代出现的专家系统模拟人类专家的知识和经验解决特定领域的问题，实现了人工智能从理论研究走向实际应用、从一般推理策略探讨转向运用专门知识的重大突破。专家系统在医疗、化学、地质等领域取得成功，推动人工智能走入应用发展的新高潮。

20 世纪 80 年代中期至 90 年代中期：低迷发展期。随着人工智能的应用规模不断扩大，专家系统存在的应用领域狭窄、缺乏常识性知识、知识获取困难、推理方法单一、缺乏分布式功能、难以与现有数据库兼容等问题逐渐暴露出来。

20 世纪 90 年代中期至 2010 年：稳步发展期。网络技术特别是互联网技术的发展，加速了人工智能的创新研究，促使人工智能技术进一步走向实用化，让人们对 AI 开始抱有客观理性的认知，人工智能技术开始进入平稳发展时期。1997 年 5 月 11 日，IBM 的计算机系统“深蓝”战胜了国际象棋世界冠军卡斯帕罗夫，又一次在公众领域引发了现象级的 AI 话题讨论，成为人工智能发展的一个重要里程碑。

2011 年至今：蓬勃发展期。随着大数据、云计算、互联网、物联网等信息技术的发展，泛在感知数据和图形处理器等计算平台推动以深度神经网络为代表的人工智能技术飞速发展，大幅跨越了科学与应用之间的“技术鸿沟”，诸如图像分类、语音识别、知识问答、人机对弈、无人驾驶等人工智能技术实现了从“不能用、不好用”到“可以用”的技术突破，迎来爆发式的增长新高潮。

1.2.2 人工智能的现状

人工智能的发展引起了人们的关注，也带来了人们对于人工智能哲学上的思考。目前，人工智能的现状如下。

（1）专用人工智能取得重要突破

面向特定任务的专用人工智能系统由于任务单一、需求明确、应用边界清晰、领域知识丰富、建模相对简单，形成了人工智能领域的单点突破，在局部智能水平的单项测试中可以超越人类智能。人工智能的近期进展主要集中在专用智能领域。例如，AlphaGo 在围棋比赛中战胜人类冠军、人工智能程序在大规模图像识别和人脸识别中达到了超越人类的水平、人工智能系统诊断皮肤癌达到专业医生水平。

（2）通用人工智能尚处于起步阶段

人的大脑是一个通用的智能系统，能举一反三、融会贯通，可处理视觉、听觉、判断、推理、学习、思考、规划、设计等各类问题，可谓“一脑万用”。真正意义上完备的人工智能系统应该是一个通用的智能系统。目前，虽然专用人工智能领域已取得突破性进展，但是通用人工智能领域的研究与应用仍然任重而道远，人工智能总体发展水平仍处于起步阶段。当前的人工智能系统在信息感知、机器学习等“浅层智能”方面进步显著，但是在概念抽象和推理决策等“深层智能”方面的能力还很薄弱。人工智能依旧存在明显的局限性，与人类智慧还相差甚远。

（3）人工智能的社会影响日益凸显

一方面，人工智能作为新一轮科技革命和产业变革的核心力量，正在推动传统产业升级换代，在智能交通、智能家居、智能医疗等民生领域产生积极正面影响。另一方面，个人信息和隐私保护、人工智能创作内容的知识产权、人工智能系统可能存在的歧视和偏见、无人驾驶系统的交通法规、脑机接口和人机共生的科技伦理等问题已经显现出来，需要抓紧提供解决方案。

1.2.3 人工智能发展趋势与展望

经过60多年的发展，人工智能在算法、算力（计算能力）和算料（数据）等“三算”方面取得了重要突破，正处于从“不能用”到“可以用”的技术拐点，但是距离“很好用”还有诸多瓶颈。在可以预见的未来，谭铁牛指出，人工智能发展可能将呈现以下趋势与特征：

① 从专用智能向通用智能发展；

② 从人工智能向人机混合智能发展；

③ 从“人工+智能”向自主智能系统发展；

④ 人工智能将加速与其他学科领域的交叉渗透；

⑤ 人工智能产业将蓬勃发展；

⑥ 人工智能将推动人类进入普惠型智能社会；

⑦ 人工智能领域的国际竞争将日益激烈；

⑧ 人工智能的社会学将提上议程。

1.3 人工智能的主要学派

人工智能的发展过程中主要包含三个学派，分别是符号主义、连接主义和行为主义。

1.3.1 符号主义

符号主义（Symbolism）是一种基于逻辑推理的智能模拟方法，又称为逻辑主义（Logicism）、心理学派（Psychologism）或计算机学派（Computerism），其原理主要为物理符号系统假设和有限合理性原理，长期以来，一直在人工智能中处于主导地位。

符号主义学派认为人工智能源于数学逻辑。数学逻辑从19世纪末起就获得迅速发展，到20世纪30年代开始用于描述智能行为。计算机出现后，又在计算机上实现了逻辑演绎系统。该学派认为人类认知和思维的基本单元是符号，而认知过程就是在符号表示上的一种运算。符号主义致力于用计算机的符号操作来模拟人的认知过程，其实质就是模拟人的左脑抽象逻辑思维，通过研究人类认知系统的功能机理，用某种符号来描述人类的认知过程，并把这种符号输入能处理符号的计算机中，从而模拟人类的认知过程，实现人工智能。

符号主义学派认为，所有的信息都可以简化为操作符号，就像数学家那样，为了解方程，会用其他表达式代替本来的表达式。符号主义学者明白不能从零开始学习：除了数据，还需要一些原始的知识，以及如何把先前存在的知识并入当前的学习中，如何结合动态的知识来解决新问题。符号主义的主要算法是逆向演绎，逆向演绎致力于弄明白，为了使演绎顺利进行，哪些知识被省略了，然后弄明白是什么让主算法变得越来越综合。

这种思想的发展，在计算机发展的过程中是自然而然的。计算机发展伊始，所有的东西都建立在数学上，很多数学家都思考生活中的事情能不能用符号来进行抽象，然后通过抽象就能够用计算机来进行还原。符号主义学派认为人工智能源于数学逻辑。符号主义创造出很多很有用的东西，传统的机器人通过标准化的流程进行操作，从 A 到 B 到 C。但是在创造的过程中发现，人类可以创造出比人类计算能力更强的机器人，但是这些人工智能却没有足够强大的学习能力。所有的规则都是人类教给人工智能的。

现在大多数的人工智能都是以符号主义为基础的，在工业时代，这个流派赚足了风头，因为标准化的流程最容易使用符号主义流派的人工智能进行设计。IBM 的深蓝打败人类国际象棋冠军的设计，其理念就是符号主义，主要还是通过博弈论算法，用人类顶尖专家提炼出来的逻辑和人类进行对决。而这样的对决其实就是相同的战术方法下，谁的算力更加优秀。在对弈中，其实是完全信息的博弈，通俗讲就是所有盘面的信息都是公开的，你要做到的就是让别人获利最小，让你获利最大。而通过计算，每一个回合，通过评估盘面，都可以得到你走到每一个格子的获益，选取然后计算出对方在这一步之后的每一步的获益，通过两个值相减，选取获益最大的步数就是你要走的步数。这其实就是最大化最小化模型的基本思路。而透过算法我们可以看到，这非常符合人的思维逻辑，是专家对人思考方式的抽象，而我们也可以看到，在这样的系统中，机器是不能学习的，只是透过专家的思路，发挥更高的计算能力。算力更高，你就能看到更远的步数，就能更容易获胜。

对于统计学习的流派来讲，在符号主义的框架下，我们可以看到，专家们会怎么去抽象世界的发展。一个就是统计的符号，和现在的研究一样，如果是有了先前的经验数据，我们发现打疫苗能够预防一个疾病的概率是 90%，那么我们做决策的时候就很容易去选择打疫苗。机器也是一样，我们可以不断地收集数据，然后进行学习。举个例子，垃圾邮件分类，我们不断地删除垃圾邮件，那么计算机通过你已经标记删除的邮件，通过里面的词汇词频分析，去研究你删除的行为，可能发现，你删除的最多的是出现较多广告词汇的邮件，所以就会通过这样的概率在之后直接帮你屏蔽这些邮件。

1.3.2 连接主义

连接主义（Connectionism）又称为联结主义、仿生学派（Bionicsism）或生理学派（Physiologism），是一种基于神经网络及网络间的连接机制与学习算法的智能模拟方法。其原理主要为神经网络和神经网络间的连接机制和学习算法。这一学派认为人工智能源于仿生学，特别是人脑模型的研究。

连接主义学派从神经生理学和认知科学的研究成果出发，把人的智能归结为人脑高层活动的结果，强调智能活动是由大量简单的单元通过复杂的相互连接后并行运行的结果。其中人工神经网络就是其典型代表性技术。

符号主义学派模拟不了人类的思路，图像识别、语音识别在符号主义时代进入了冬天。专家们认为学习是通过解析人类的主谓宾去进行语义理解，通过匹配去识别音频，但是这些方式并不能够达到很好地应用。所以，在经历过一段低谷以后，人们开始思考，人类是怎么样进行思考的呢？我们能不能模拟人类的大脑呢？连接主义的思潮由此诞生。

简单来说，连接主义者认为机器学习应该模拟人脑的运行机制，不否认机械识记和过度学习在知识体系建立中的作用，但更应该像人一样学会联系和类比，利用感知和已有的经验举一反三、自我学习，只有这样才能让人工智能走得更远、更深入。同样地在打败人类的路上，连接主义更加成功，AlphaZero 在 4 个小时之内就打败了人类专家结晶“鳕鱼”。这个人工智能经过无数国际象棋爱好者的打磨，堪称是人类棋手的尊严。人们认为即使是神和“鳕鱼”下棋都将以平局收场，而 AlphaZero 的开发，让人类世界震惊，因为人类不知道人工智能如何思考，但是 AlphaZero 面对人类最高智慧，他们获得了更高的胜率。而 AlphaZero 的思路，可以轻松移植到围棋、黑白棋等领域，不像 AlphaGo 的开发一样复杂。在棋类游戏中，人工智能已经无敌手了。

1.3.3 行为主义

行为主义（Actionism）又称进化主义（Evolutionism）或控制论学派（Cyberneticism），是一种基于“感知-行动”的行为智能模拟方法。行为主义最早来源于 20 世纪初的一个心理学流派，认为行为是有机体用以适应环境变化的各种身体反应的组合，它的理论目标在于预见和控制行为。行为主义者认为，学习是刺激与反应之间的联结，他们的基本假设是：行为是学习者对环境刺激所做出的反应。学习过程是渐进的尝试错误的过程，强化是学习成功的关键。维纳和麦洛克等人提出的控制论和自组织系统以及钱学森等人提出的工程控制论和生物控制论，影响了许多领域。控制论把神经系统的工作原理与信息理论、控制理论、逻辑以及计算机联系起来。早期的研究工作重点是模拟人在控制过程中的智能行为和作用，对自寻优、自适应、自校正、自镇定、自组织和自学习等控制论系统进行研究，并进行“控制动物”的研制。到 20 世纪 60、70 年代，上述这些控制论系统的研究取得一定进展，并在 80 年代诞生了智能控制和智能机器人系统。连接主义提出了仿生学的观点，而行为主义提供的是人工智能的学习方法。

1.3.4 三大学派的协同并进

人工智能研究进程中的这三种假设和研究范式推动了人工智能的发展。就人工智能三大学派的历史发展来看，符号主义认为认知过程在本体上就是一种符号处理过程，人类思维过程总可以用某种符号来进行描述，其研究是以静态、顺序、串行的数字计算模型来处理智能，寻求知识的符号表征和计算，它的特点是自上而下。连接主义则是模拟发生在人类神经系统中的认知过程，提供一种完全不同于符号处理模型的认知神经研究范式，主张认知是相互连接的神经元的相互作用。行为主义与前两者均不相同，认为智能是系统与环境的交互行为，是对外界复杂环境的一种适应。这些理论与范式在实践之中都形成了自己特有的问题解决方法体系，并在不同时期都有成功的实践范例。就解决问题而言，符号主义有从定理机器证明、归结方法到非单调推理理论等一系列成就，连接主义有归纳学习，行为主义有反馈控制模式及广义遗传算法等解题方法。它们在人工智能的发展中始终保持着一种经验积累及实践选择的证伪状态。各种大流派都有自己的学术理论体系。在人工智能的发展历史上也曾分别作出过非常卓越的贡献。目前发展势头最猛、风头最盛的深度学习、深度神经网络，属于连接主义；而同样火热的知识图谱以及 20 世纪第二次行业浪潮里举足轻重的专家系统均是符号主义的成就；行为主义的贡献，则主要在机器人控制系统方面。随着人工智能领域的不断拓展，不同的学术流派也开始日益脱离原先各自独立发展的轨道，逐渐走上了协同并进的新道路。

1.4 开发工具

1.4.1 为什么使用 Python 来开发人工智能

人工智能被认为是未来的趋势技术，目前已经有了使用人工智能的应用程序，同时许多公司和研究人员也都对此感兴趣。那么，用哪种编程语言可以开发这些人工智能应用程序呢？各种编程语言包括 Lisp、Prolog、C++、Java 和 Python 都可用于开发人工智能的应用程序。其中，Python 编程语言受到广泛欢迎，原因如下：

（1）简单的语法和更少的编码

Python 编程语言的语法非常简单，可用于开发人工智能应用程序，同时测试可以更容易，开发者可以更多地关注编程。

（2）内置人工智能项目库

使用 Python 进行人工智能开发的一个主要优点是它内置了人工智能项目库。Python 有几乎所有种类的人工智能项目库，如 NumPy、SciPy、Matplotlib、Scikit-learn、Tensor Flow、Keras、nltk、SimpleAI 等，都是一些重要的人工智能项目库。

（3）开源

Python 是一种开源的编程语言，这使得它在社区中广泛流行。

（4）可用于广泛的编程

Python 可用于广泛的编程任务，如小型 shell 脚本到企业 Web 应用程序。这是 Python 适用于人工智能项目的另一个原因。

1.4.2 Python 简介

1.4.2.1 Python 安装

在 Python 的官网下载 Python，Python 目前有多个版本，建议下载 3.0 以后的版本。

下载完成后双击执行下载的 exe 程序，进入安装界面。安装界面可以选择默认安装，也可以自定义安装。在选择路径安装时，可以把下方的“Add Python 3.6 to PATH”勾选上，这个选项默认把用户变量添加上了，后续不用再添加。选择好后，继续下一步，全部默认选择即可，如有需要可变更，再下一步时直接更新安装存储的路径。继续下一步，则提示安装成功，如图 1-1 所示。

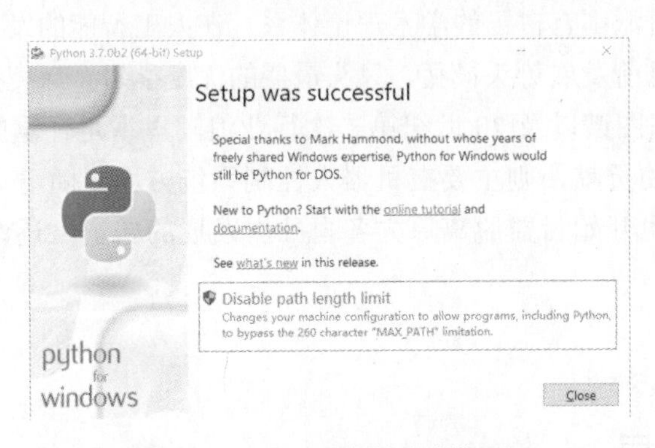

图 1-1　Python 安装成功的界面

在 cmd 中执行 Python 可以打开 Python 解释器，如图 1-2 所示。

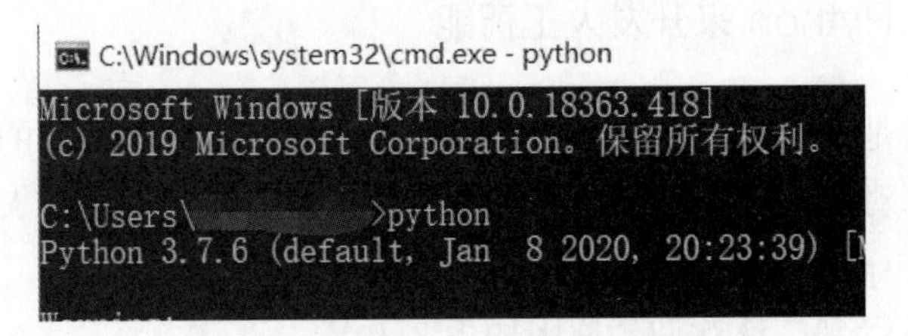

图 1-2　从命令行打开 Python 解释器

1.4.2.2　Python 的基本语法

（1）Python 的输入输出

input(): 从控制台获得用户输入的函数；

print(): 输出函数。

（2）程序格式框架的表示

Python 中用缩进表达程序格式，缩进是语法的一部分，缩进不正确则程序会运行错误，同时缩进是表达代码间包含层次关系的唯一手段。缩进可以用 4 个空格或 Tab 键。

（3）注释：不被程序执行的辅助性说明信息

单行注释：Python 中用#开头表示注释。

多行注释：Python 中多行注释使用三个单引号(''')或三个双引号(""")。

（4）变量：程序中用于保存和表示数据的占位符号

变量采用标识符（名字）来表示，关联标识符的过程叫命名。可以使用等号（=）向变量赋值或修改值，“=”被称为赋值符。如：

TempStr="82F" #向变量 TempStr 赋值"82F"

命名规则：可以采用大小写字母、数字、下划线和汉字等字符，如：TempStr、Python_Great。

注意事项：大小写敏感、首字符不能是数字、不与保留字相同。如 python 与 Python 是不同的变量，123Python 是不合法变量。

（5）保留字

保留字指被编程语言内部定义并保留使用的标识符。Python 语言有 33 个保留字（也叫关键字），保留字是编程语言的基本单词，大小写敏感。如 if 是保留字，If 是变量。

（6）数据类型

Python 的基本数据类型包括字符串、整数、浮点数、列表等。其中，三种特别要提到的数据类型是字典、元组和列表，其定义方式如下：

dictionary：字典，用{}定义。

tuple：元组，用()定义，不可修改。

list：列表，用[]定义。

（7）函数：根据输入参数产生不同输出的功能过程，类似于数学中的函数 $y=f(x)$

函数采用<函数名>(<参数>)的方式使用，如：

```
eval(TempStr[0:–1])        #TempStr[0:–1]是参数
```

（8）赋值语句：由赋值符号构成的一行代码

赋值符号是俗称的等于号，但等于号在编程语言中通常表示赋值，不表示等于号的含义。如：

```
C = (eval(TempStr[0:–1]) – 32)/1.8      #右侧运算结果值赋值给 C
```

（9）分支语句

由判断条件决定程序运行方向的语句。其中使用保留字 if、elif、else 构成条件判断的分支结构；每个保留字所在行最后存在一个冒号:，是语法的一部分；冒号及后续缩进用来表示后续语句与条件的所属关系。

1.4.2.3 人工智能相关包的安装

Python 中，与人工智能相关的主要包(package)包括 NumPy、SciPy、Matplotlib、Scikit-learn、TensorFlow、Keras 等。其中 NumPy（Numerical Python）是 Python 语言的一个扩展程序库，支持大量的维度数组与矩阵运算，此外也针对数组运算提供大量的数学函数库。NumPy 是一个运行速度非常快的数学库，主要用于数组计算，包含：

① 一个强大的 N 维数组对象 ndarray；

② 广播功能函数；

③ 整合 C/C++/Fortran 代码的工具；

④ 线性代数、傅里叶变换、随机数生成等功能。

SciPy（Scientific Python）是一个开源的 Python 算法库和数学工具包。SciPy 包含的模块有最优化、线性代数、积分、插值、特殊函数、快速傅里叶变换、信号处理和图像处理、常微分方程求解和其他科学与工程中常用的计算。

Matplotlib（绘图库）是 Python 编程语言及其数值数学扩展包 NumPy 的可视化操作界面。它为利用通用的图形用户界面工具包（如 Tkinter、wxPython、Qt 或 GTK+）向应用程序嵌入式绘图提供了应用程序接口（API）。

NumPy 通常与 SciPy 和 Matplotlib 一起使用，这种组合广泛用于替代 Matlab，是一个强大的科学计算环境，有助于我们通过 Python 学习数据科学或者机器学习。

Scikit-learn 项目最早由数据科学家 David Cournapeau 在 2007 年发起，需要 NumPy 和 SciPy 等其他包的支持，是 Python 语言中专门针对机器学习应用而发展起来的一款开源框架。Scikit-learn 的基本功能主要被分为六大部分：分类、回归、聚类、数据降维、模型选择和数据预处理。Scikit-learn 不做除机器学习领域之外的其他扩展，采用的都是经广泛验证的算法。

TensorFlow 是谷歌基于 DistBelief 进行研发的第二代人工智能学习系统，是一个基于数据流编程（dataflow programming）的符号数学系统，被广泛应用于各类机器学习算法的编程实现。TensorFlow 的命名来源于本身的运行原理，其中 Tensor（张量）意味着 N 维数组，Flow（流）意味着基于数据流图的计算，TensorFlow 为张量从流图的一端流动到另一端的计算过程。TensorFlow 是将复杂的数据结构传输至人工神经网络中进行分析和处理过程的系统。

Keras 是一个由 Python 编写的开源人工神经网络库，可以作为 TensorFlow、Microsoft-CNTK 和 Theano 的高阶应用程序接口，进行深度学习模型的设计、调试、评估、应用和可视化。Keras 在代码结构上由面向对象方法编写，完全模块化并具有可扩展性，其运行机制和说明文档将用户体验和使用难度纳入考虑，并试图简化复杂算法的实现难度。Keras 支持现代人工智能领域的主流算法，包括前馈结构和递归结构的神经网络，也可以通过封装参与构建统计学习模型。在硬件和开发环境方面，Keras 支持多操作系统下的多 GPU 并行计算，可以根据后台设置转化为 TensorFlow、Microsoft-CNTK 等系统下的组件。

环境部署

课后练习

一、正误题

1. 符号主义致力于用计算机的符号操作来模拟人的认知过程，其实质就是模拟人的左脑抽象逻辑思维，通过研究人类认知系统的功能机理，用某种符号来描述人类的认知过程，并把这种符号输入能处理符号的计算机中，从而模拟人类的认知过程，实现人工智能。(　　)

2. IBM 的深蓝，主要通过博弈论算法，打败人类国际象棋冠军。(　　)

3. 人工神经网络是符号主义的典型代表性技术。(　　)

4. 行为主义的贡献主要在机器人控制系统方面。(　　)

5. 123Python 是合法变量。(　　)

6. python 与 Python 是相同的变量。(　　)

二、选择题

1. 目前发展势头最猛、风头最盛的（　　）、深度神经网络，即属于连接主义。

A. 深度学习　　B. 知识图谱　　C. 专家系统

2. （　　）是 Python 编程语言及其数值数学扩展包（　　）的可视化操作界面。它为利用通用的图形用户界面工具包，如 Tkinter、wxPython、Qt 或 GTK+ 向应用程序嵌入式绘图提供了应用程序接口。

A. NumPy　　B. Matplotlib　　C. Scikit-learn

3. Python 编程语言受到广泛欢迎的原因是（　　）。

A. 简单的语法和更少的编码　　B. 内置 AI 项目库　　C. 开源

三、编程题

1.尝试利用 Python 实现电脑随机生成 1 ~ 100 之间的整数，让用户来猜，猜错时，会提示猜的数字是大了还是小了，直到用户猜对为止，游戏结束。

2. 尝试利用 Python 获取 100 以内的质数。

参考答案

第一部分

知识搜索

搜索是人工智能研究的核心问题之一，对这一问题的研究曾经十分活跃，而且至今仍不缺乏高层次的研究课题。从人工智能初期的智力难题、棋类游戏，到机器人路径优化等问题，搜索作为人工智能中重要的求解方法，可以求解一些通常的数学方法不能求解的问题。

在搜索过程中，对于不同问题，需要采用适当的搜索技术，从而找到问题的解答。搜索方法从最简单的盲目搜索策略，到 20 世纪 60 年代提出的启发式搜索、A*算法，奠定了搜索技术的基础。受进化思想、仿生学的启发，模仿群体智能行为的优化算法的提出，进一步为解决更复杂的搜索问题提供了更好的解决思路。

本部分将用两章的篇幅，分别从搜索的基本策略和高级策略角度叙述盲目搜索算法、启发式搜索算法以及典型的群智能优化算法，并对动态规划问题进行简单叙述。

第2章

搜索的基本策略

搜索是人工智能中的核心技术之一，是推理不可分割的一部分，它直接关系到智能系统的性能和运行效率。搜索问题中，主要的工作是找到正确的搜索策略。搜索策略反映了状态空间或问题空间扩展的方法，也决定了状态或问题的访问顺序。搜索策略不同，人工智能中搜索方法的命名也不同。

学习意义

对于存在答案的问题，所要做的是如何找到答案。搜索策略给出了找到问题答案的方法，根据问题的复杂程度可以采用不同的搜索策略。在实际过程中，根据奥坎姆剃刀原则，可以先选用盲目搜索策略，解决不了的问题再采用启发式搜索策略。

学习目标

- 掌握基本的搜索策略，包括宽（广）度、深度优先搜索策略；
- 对启发式搜索策略中的A*算法，能够理解算法中估价函数的含义及如何确定具体问题的估价函数；
- 能够使用简单的编程实现问题的搜索求解。

2.1 搜索过程

问题求解过程实际上是一个搜索过程。为了进行搜索，首先必须把问题用某种形式表示出来，其表示是否适当，将直接影响搜索效率。对一个确定的问题来说，与解题有关的状态空间往往只是整个状态空间的一部分。只要能生成并存储这部分状态空间，就可求得问题的解。在人工智能中通过运用搜索技术解决此问题的基本思想是：首先把问题的初始状态（即初始节点）作为当前状态，选择适用的算符对其进行操作，生成一组子状态（或后继状态、后继节点、子节点），然后检查目标状态是否在其中出现，若出现，则搜索成功，找到了问题的解；若不出现，则按某种搜索策略从已生成的状态中再选一个状态作为当前状态。重复上述过程，直到目标状态出现或者不再有可供操作的状态及算符时为止。

在搜索过程中，要建立两个数据结构：OPEN 表和 CLOSED 表。OPEN 表用于存放刚生成的节点，对不同的策略，节点在此表中的排列顺序是不同的。例如对宽度优先搜索，是将扩展节点 n 的子节点放入 OPEN 表的尾部，而深度优先搜索是把节点的子节点放入 OPEN 表的首部。CLOSED 表用于存放将要扩展或已扩展的节点（节点 n 的子节点）。所谓对一个节点进行扩展，是指用合适的算符对该节点进行操作，生成一组子节点。一个节点经一个算符操作后一般只生成一个子节点，但对一个“节点”可适用的算符可能有多个，故此时会生成一组子节点。需要注意的是：在这些子节点中，可能有些是当前扩展节点（即节点 n）的父节点、祖父节点等，此时不能把这些先辈节点作为当前扩展节点的子节点。

搜索的一般过程如下：

① 把初始节点 S_0 放入 OPEN 表中，并建立目前只包含 S_0 的搜索图 G。

② 检查 OPEN 表是否为空，若为空则问题无解，退出；否则进行下一步。

③ 把 OPEN 表的第一个节点取出放入 CLOSED 表中，并记该节点为节点 n。

④ 考虑节点 n 是否为目标节点，若是，则求得了问题的解，退出，此解可从目标节点开始直到初始节点的返回指针中得到；否则，继续下一步。

⑤ 扩展节点 n，若没有后继节点，则立即转步骤②；否则生成一组子节点。把其中不是节点 n 先辈的那些子节点记作集合 M–$\{m_i\}$，并把这些子节点 m_i 作为节点 n 的子节点加入 G 中。

⑥ 针对 M 中子节点 m_i 的不同情况，分别进行如下处理：对于那些未曾在 G 中出现过的 m_i 设置一个指向父节点（即节点 n）的指针，并把它们放入 OPEN 表中。对于那些先前已在 G 中出现过的 m_i，确定是否需要修改它指向父节点的指针。对于那些先前已在 G 中出现并且已经扩展了的 m_i，确定是否需要修改其后继节点指向父节点的指针。

⑦ 按某种搜索策略对 OPEN 表中的节点进行排序。

⑧ 返回至第②步。

2.2 盲目搜索策略

盲目搜索策略又叫非启发式搜索，是一种简单而暴力的穷举搜索。作为最早出现的搜索策略，盲目搜索是一种无信息搜索。之所以被称为“盲目”，是因为这种搜索策略只是按照预定的策略搜索解空间的所有状态，而不会考虑问题本身的特性。盲目搜索的性能一般比较低下，通常在找不到解决问题的规律时使用，可以说盲目搜索策略是最后的大招。但遗憾的是，很多问题都没有明显的规律可循，很多时候我们不得不求助于盲目搜索策略。同时，由于思路简单，盲目搜索策略通常是被人们第一个想到的，对于一些比较简单的问题，盲目搜索确实能发挥奇效。

当然，盲目搜索策略经过一定的改进后，性能也并不那么低下。改进后的盲目搜索策略甚至在某些问题中能带给我们惊喜。

2.2.1 宽（广）度优先搜索策略

如果搜索是以接近起始节点的程度依次扩展节点的，那么这种搜索就叫作宽（广）度优先搜索。这种搜索是逐层进行的，在对下一层的任一节点进行搜索之前，必须搜索完本层的所有节点。在宽度优先搜索中，从初始节点 S_0 开始，逐层地对节点进行扩展并考察它是否为目标节点，在第 n 层的节点没有全部扩展并考察之前，不对第 n+1 层的节点进行扩展。OPEN 表中的节点总是按进入的先后顺序排列，先进入的节点排在前面，后进入的排在后面。其搜索过程如下。

① 把初始节点 S_0 放入 OPEN 表中。

② 若 OPEN 表为空，则问题无解，退出。

③ 把 OPEN 表的第一个节点（记为节点 n）取出放入 CLOSED 表中。

④ 考察节点 n 是否为目标节点，若是，则问题解求得，退出。

⑤ 若节点 n 不可扩展，则转步骤②。

⑥ 扩展节点 n，将其子节点放入 OPEN 表的尾部，并为每一个子节点配置指向父节点的指针，然后转步骤②。

Dijkstra 算法是典型的宽度优先搜索算法，该算法是最短路算法，用于计算一个节点到其他所有节点的最短路径。Dijkstra 算法的主要特点是以起始点为中心向外层扩展，直到扩展到终点为止。Dijkstra 算法能得出最短路径的最优解，但由于它遍历计算的节点很多，所以效率低。

在使用宽度优先搜索时，若问题有解，必然能找到最优解，但是宽度优先搜索由于要层层扩展搜索，所以效率很低。

2.2.2 深度优先搜索策略

深度优先搜索的基本思想是：从初始节点 S_0 开始扩展，若没有得到目标节点，则选择最后产生的子节点进行扩展，若还是不能到达目标节点，则再对刚才最后产生的子节点进行扩展，一直如此向下搜索。当到达某个子节点且该子节点既不是目标节点又不能继续扩展时，才选择其兄弟节点进行考察。其搜索过程如下：

① 把初始节点 S_0 放入 OPEN 表中。

② 若 OPEN 表为空，则问题无解，退出。

③ 把 OPEN 表的第一个节点（记为节点 n）取出放入 CLOSED 表中。

④ 考察节点 n 是否为目标节点，若是，则问题解求得，退出。

⑤ 若节点 n 不可扩展，则转步骤②。

⑥ 扩展节点 n，将其子节点放入 OPEN 表的首部，并为其配置指向父节点的指针，然后转步骤②。

深度优先搜索与宽度优先搜索的唯一区别是：宽度优先搜索是将节点 n 的子节点放入 OPEN 表的尾部，而深度优先搜索是把节点 n 的子节点放入 OPEN 表的首部。仅此一点不同，就使得搜索的路线完全不一样。

在性能上，深度优先搜索较宽度优先搜索节省时间和空间，但不一定能够找到最优解。

2.3 启发式搜索策略

盲目搜索策略的搜索路线是事先决定好的，没有利用被求解问题的任何特征信息，在决定要被扩展的节点时，没有考虑该节点到底是否可能出现在解的路径上，也没有考虑它是否有利于问题的求解以及所求的解是否为最优解，因而这样的搜索策略具有较大的盲目性。盲目搜索所需扩展的节点数目大，产生的无用节点多，效率低。启发式搜索法的基本思想是在搜索路径的控制信息中增加关于被解问题的某些特征，用于指导搜索向最有希望到达目标节点的方向前进。它一般只要知道问题的部分状态空间就可以求解该问题，搜索效率较高。

启发式搜索（heuristically search）又称为有信息搜索（informed search），通过利用问题拥有的启发信息来引导搜索向最有希望的方向前进，从而减少搜索范围、降低问题复杂度。启发式搜索通过删除某些状态及其延伸，可以消除组合爆炸，并得到令人能接受的解（通常并不一定是最优解）。

启发式搜索中最关键的是如何确定启发式策略。在解决问题的过程中，启发仅仅是下一步将要采取措施的一个猜想，常常根据经验和直觉来判断。由于启发式搜索只有有限的信息（比如当前状态的描述），要想预测下一步搜索过程中状态空间的具体行为很难，因而启发式搜索可能得到一个次优解，也可能一无所获。这是启发式搜索固有的局限性。一般说来，启发信息越强，扩展的无用节点就越少。引入强的启发信息，有可能大大降低搜索工作量，但不能保证找到最优路径。

作为一种映射函数，启发式函数把问题当前状态映射为一种接近目标函数的程度。启发式函数的构造对有效引导搜索过程极为重要。构造启发式函数考虑问题的各种因素、特征，从而有助于对节点是否在求解路径上做出尽可能准确的估计。在构造启发式函数时，可以从以下几个方面进行考虑：

① 根据问题的当前状态，确定用于继续求解问题的信息；

② 估计已找到的状态与达到目标的有利程度，从而帮助决定下一步搜索的后续节点；

③ 估计可能加速达到目标的程度，帮助确定应删除的节点。

2.3.1 有序搜索算法（A 算法）

启发式搜索有望能够很快到达目标节点，但需要花费一些时间来对新生节点进行评价。用于评价节点重要性的函数称为估价函数，其一般形式为：

$$f(n)=g(n)+h(n) \tag{2-1}$$

式中，$g(n)$ 表示从初始节点 S_0 到节点 n 付出代价的估计，因为 n 为当前节点，而搜索已到达 n 点，因而 $g(n)$ 可以计算得出；$h(n)$ 为从节点 n 到目标节点 S_g 付出代价的估计，因为尚未找到求解路径，所以 $h(n)$ 仅仅是估计值；$f(n)$ 是从初始节点出发经过节点 n 到达目标节点的总代价。启发性信息主要体现在 $h(n)$ 中，其形式要根据问题的特性来确定。

在启发式搜索算法中，根据估价函数值，按由小到大的次序对 OPEN 表中的节点进行重新排序，这就是有序搜索法。因此，此时的 OPEN 表是一个按节点的启发估价函数值的大小为序排列的一个优先队列。

有序搜索算法如下：

① 将初始节点 S_0 放入 OPEN 表中；

② 如 OPEN 表为空，则搜索失败，退出；

③ 把 OPEN 表的第一个节点取出，放入 CLOSED 表中，并把该节点记为节点 n；

④ 如果节点 n 是目标节点，则搜索成功，求得一个解，退出；

⑤ 扩展节点 n，生成一组子节点，对既不在 OPEN 表中也不在 CLOSED 表中的子节点，计算出相应的估价函数值；

⑥ 把节点 n 的子节点放到 OPEN 表中；

⑦ 对 OPEN 表中的各节点按估价函数值从小到大排列；

⑧ 转到②。

在 A 算法中，若令 $h(n)\equiv 0$，则 A 算法变为宽度优先搜索；若令 $g(n)\equiv h(n)\equiv 0$，则 A 算法变为随机算法；若令 $g(n)\equiv 0$，则 A 算法变为最佳优先算法。

2.3.2 A*算法

在 A 算法中，进一步规定 $h(n)\geqslant 0$，并且定义：

$$f^*(n)=g^*(n)+h^*(n) \tag{2-2}$$

式中，$g^*(n)$ 为从初始节点到节点 n 的最佳路径所付出的代价；$h^*(n)$ 是从 n 到目标节点的最佳路径所付出的代价；$f^*(n)$ 是从初始节点出发通过节点 n 到达目标节点的最佳路径的总代价。

基于上述 $g^*(n)$ 和 $h^*(n)$ 的定义，对 A 算法中的 $g(n)$ 和 $h(n)$ 做如下限制：

① $g(n)$ 是对 $g^*(n)$ 的估计，且 $g(n)>0$；

② $h(n)$ 是 $h^*(n)$ 的下界，即对任意节点 n 均有 $h(n)\leqslant h^*(n)$。

将满足上述条件情况下的 A 算法称为 A*算法。

对于某一搜索算法，当最佳路径存在时，就一定能找到它，则称此算法是可纳的。可以证明，A*算法是可纳算法。也就是说，对于 A 算法，当满足 $h(n)\leqslant h^*(n)$ 条件时，只要最佳路径存在，就一定能找出这条路径。

2.4 编程实践

2.4.1 八数码难题

在八数码难题中，一共有 9 个格子，其中一个是空格子，剩下 8 个是被打乱的图片残块，通过移动图片残块来复原最初的图像。假设现在有一个九宫格，初始状态为 S_0，目标状态为 S_g，只允许把位于空格上下左右的数字块移入空格，要求寻找从初始状态到目标状态的路径，如图 2-1 所示。

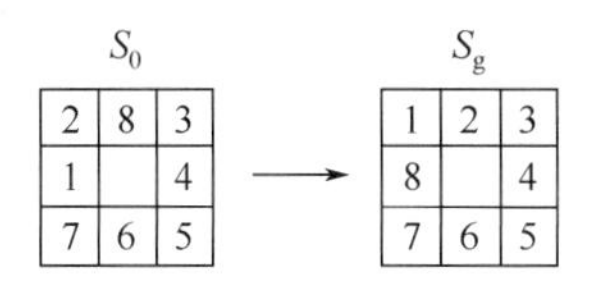

图 2-1　状态图

宽度优先策略的搜索过程如下：

① 搜索开始，先把 S_0 放入 OPEN 表。

② 判断 OPEN 表是否为空，不是则继续，如图 2-2 所示。

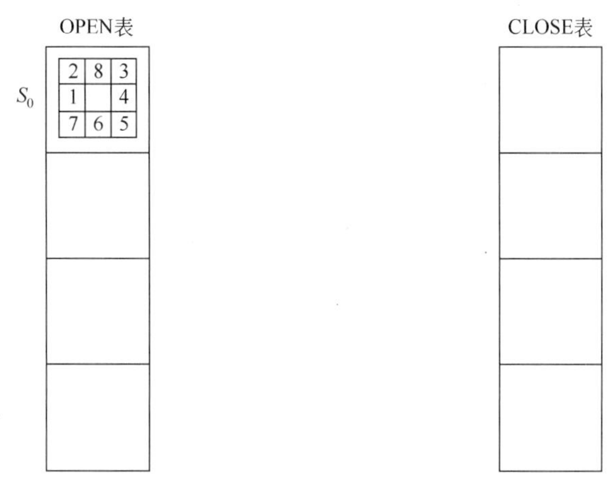

图 2-2　程序状态（一）

③ 将 OPEN 表第一个节点取出并放入 CLOSED 表中，判断是否为目标节点，若不是，求得该节点的所有可能子节点，如图 2-3 所示。

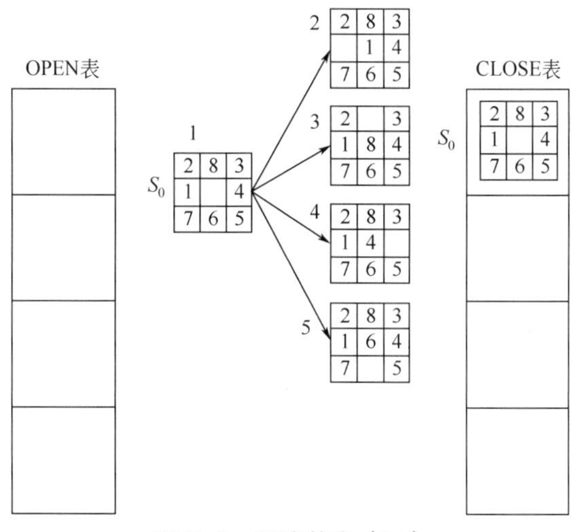

图 2-3　程序状态（二）

④ 将其中是节点 n 先辈的子节点去掉，剩余的放入 OPEN 表的尾部，如图 2-4 所示。此时对应的树状图如图 2-5 所示。

⑤ 重复步骤②、③、④，判断 OPEN 表，不为空，继续将 OPEN 表第一个节点取出并放入 CLOSED 表中，判断是否为目标节点，若不是，则求得该节点的所有可能子节点，将其

中是节点 n 先辈的子节点去掉，剩余的放入 OPEN 表的尾部，如图 2-6 所示。

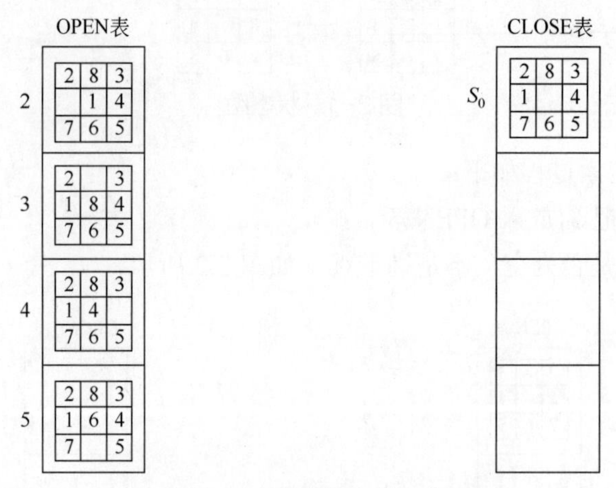

图 2-4　程序状态（三）

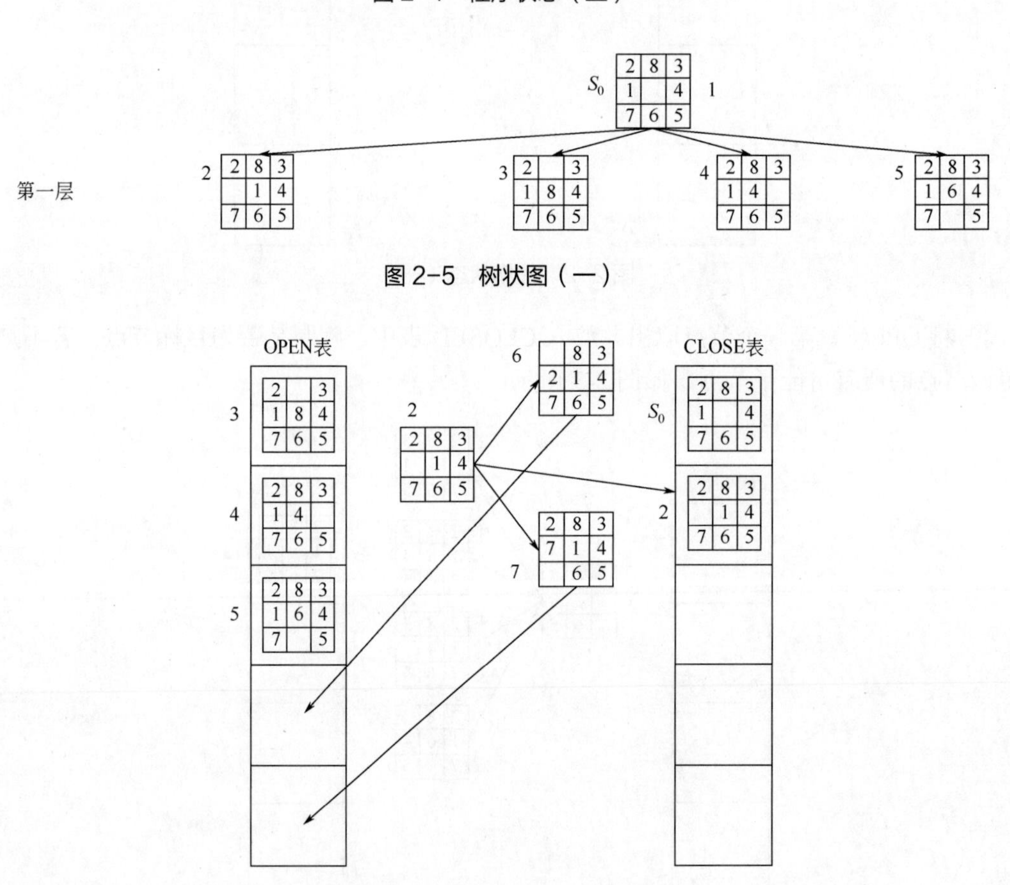

图 2-5　树状图（一）

图 2-6　程序状态（四）

此时对应的树状图如图 2-7 所示。

⑥ 继续重复，最终找到 S_g。

宽度优先搜索的树状图如图 2-8 所示。

从图 2-8 可以看出，从初始节点 S_0 开始，逐层地对节点进行扩展并考察它是否为目标节点，在第 n 层的节点没有全部扩展并考察完之前，不对第 n+1 层的节点进行扩展。而 OPEN

表中的节点总是按照进入的先后顺序排列，先进入的节点排在前面，后进入的排在后面。最终得到九宫游戏问题的解路径是 S_0→3→8→16→26。

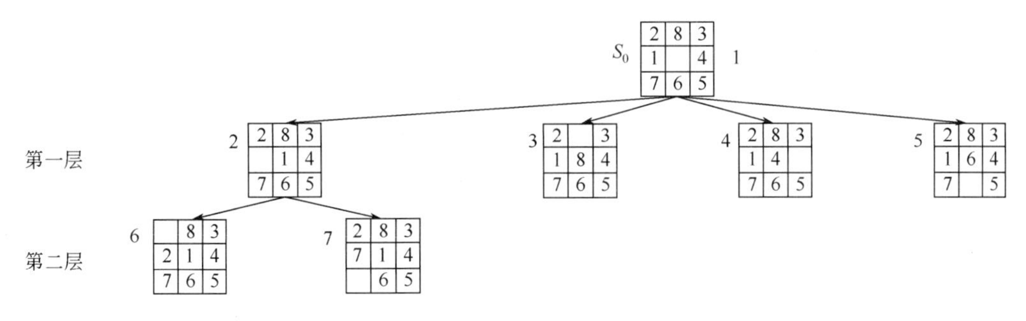

图 2-7　树状图（二）

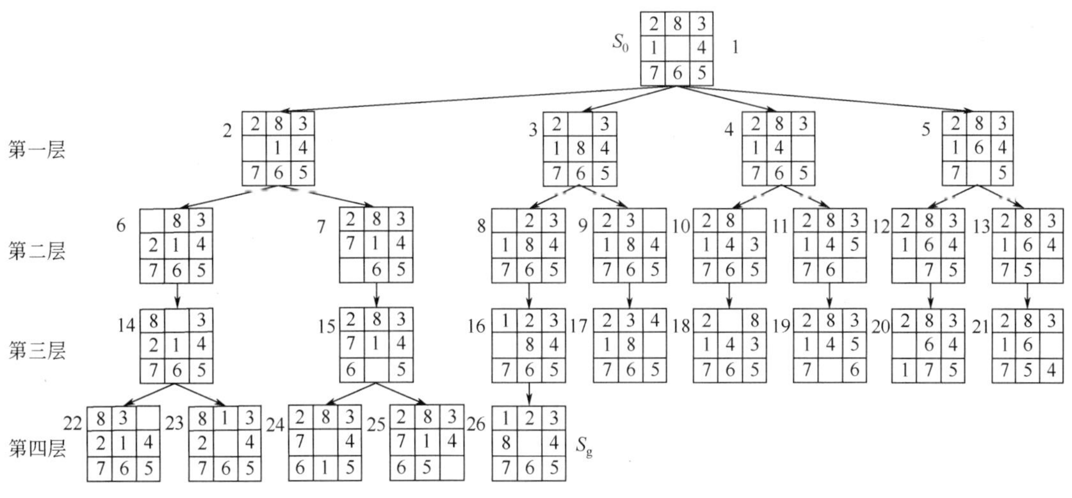

图 2-8　宽度优先策略求解八数码难题的树状图

2.4.2　自动驾驶运动规划

自动驾驶的运动规划本质上就是一个求从起点到终点的最短路径问题。假如你坐在汽车的驾驶位上，想要从 A 点开车前往 B 点。首先，你知道了自己所在的位置为 A 点，然后眼睛看到前方有静态障碍车辆，我们还要继续往前开到 B 点，这个时候就需要规划出来一条路线，平稳地避开障碍物，开往 B 点。如图 2-9 所示。

八数码难题

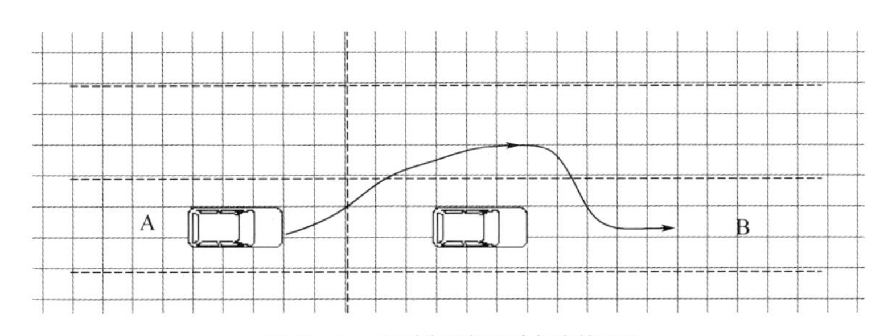

图 2-9　自动驾驶运动规划问题

如果将这个问题抽象成计算机语言能够识别的问题，其实就是一个搜索问题，搜索从 A 点到 B 点的最优路径，如图 2-10 所示。

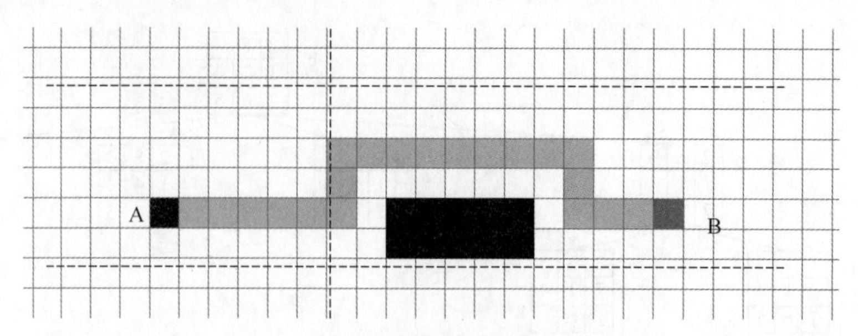

图 2-10　自动驾驶运动规划问题

用 A*算法实现运动规划的步骤如下。

① 在程序中把这个道路场景抽象成一个矩阵。道路场景抽象成的矩阵在程序中表示为 grid，表示了道路各处的可通行情况。两侧的路沿设置为 1，数字 1 表示为不可通行。障碍物不能够进行碰撞，那么把静止车辆所在的位置也全都设置为 1，表示需要绕过车辆进行通行。0 表示可以进行通行的区域。

② 指定启发矩阵。启发矩阵定义为距离终点的“距离”越近，那么启发矩阵对应的值就越小，具体的方案为终点所在行减去当前格所在行的绝对值与终点所在列减去当前格所在列的绝对值之和。另外，在不可通行区域，启发矩阵对应位置的值设置成一个很大的值，此处设置为 99。

③ 指定起点、终点和移动的代价。指定起点为[4,1]，指定终点为[4,8]，指定每移动一格的常规代价为 1。

④ 确定从当前格子移动到其他格子所能执行的动作，定义为 Δ。为了简便起见，在每一个格子中都可以进行上下左右四个方向的移动。向上移动为[−1,0]，也就是 $x-1$ 往上边移动一行；向右移动为[0,1]，也就是 $y+1$ 向右移动一列；依次类推进行定义。

⑤ 主函数的输入参数有道路可通行情况矩阵（grid）、起点（init）、目标终点（goal）、每移动一步的代价（cost）、启发矩阵（heuristic）。

⑥ 定义一个 Closed 矩阵，用来存放已经搜索过的点。没有搜索过记为 0，搜索过记为 1。然后第一步就是把起点设置为搜索过的点。

⑦ 定义一个 action 矩阵，用来存放各个节点的动作，这个程序 action 矩阵每一个 xy 坐标点表示的是上一个坐标点到当前点的动作（上下左右，根据之前 Δ 定义，0 代表上，1 代表左，2 代表下，3 代表右）。

⑧ 定义 xy 为当前点的位置，g 为从起点 A 沿着已生成的路径到一个给定方格的移动代价，f 为总代价。f=从起点 A 沿着已生成的路径到一个给定方格的移动代价+从给定方格到目的方格的估计移动代价。

⑨ 定义结束条件，找到终点结束，找不到可用的路径也结束。

开始进行路径搜索：

首先搜索当前点所有可能采取的动作，根据采取的动作记录采取这个动作的总代价 f、移动代价 g、下一个点的 xy 坐标，存放在 Open 表中，然后对 Open 表进行从小到大排序然后翻转，比较得出总代价最小的 Open 表移动动作，作为下一步的行动动作；对于已经搜索过的点，存放到 Closed 矩阵中，不进行重复搜索。一直循环搜索直到找到指定终点或者没有可通行路线就结束。

输出搜索得出的结果路径：

结果路径是从终点开始，根据到达终点上一步所采取的动作情况，进行反推，得到上一个路径点，然后依次类推，直到找到起点。然后把路径进行反转，得到正向的路径。

自动驾驶运动规划

课后练习

一、正误题

1. 启发式搜索中，通常 OPEN 表上的节点按照它们的 f 函数值递减顺序排列。(　　)

2. 启发式搜索是一种利用启发式信息的搜索。(　　)

3. 图搜索算法中，CLOSE 表用来登记待考察的节点。(　　)

4. 如果搜索是以接近起始节点的程度依次扩展节点的，那么这种搜索就叫作宽度优先搜索。(　　)

5. Dijkstra 算法是典型的宽度优先搜索算法，该算法路径最短、效率最高。(　　)

6. 在进行有序搜索时，此时 OPEN 表是一个按节点的启发估价函数值的大小为序排列的一个优先队列。(　　)

7. 启发式搜索一定比盲目式搜索好。(　　)

8. 宽度优先搜索策略是一种完整的搜索策略，只要问题有解，就能找到解。(　　)

9. 深度优先搜索策略可能找不到最优解，也可能根本找不到解。(　　)

10. 因为估值函数最优，所以 A*算法是最优的 A 算法。(　　)

二、选择题

1. 下面属于盲目搜索的方法有（　　）。

A. 深度优先搜索　　B. 宽度优先搜索　　C. 有序搜索算法　　D. 启发式搜索

2. 如果重排 OPEN 表是依据 $f(x)=g(x)+h(x)$进行的，则称该过程为（　　）。

A. A*算法　　B. A 算法　　C.有序搜索　　D.启发式搜索

3. A*算法是一种（　　）。

A. 图搜索策略　　B. 有序搜索策略　　C. 盲目搜索　　D. 启发式搜索

4. 应用某个算法选择 OPEN 表上具有最小 f 值的节点作为下一个要扩展的节点。这种搜索方法的算法就叫作（　　）。

A. 盲目搜索　　B. 宽度优先搜索策略　　C.有序搜索算法　　D. 极小极大分析法

5. 宽度优先搜索方法能够保证在搜索树中找到一条通往目标节点的（　　）途径（如果有路径存在时）。

A. 可行　　B. 最短　　C. 最长　　D. 解答

6. 如果问题存在最优解，则下面几种搜索算法中，（　　）必然可以得到该最优解。

A. 深度优先搜索　　B. 宽度优先搜索　　C. 有序搜索算法　　D. 启发式搜索

7. 下列哪种搜索算法是利用问题拥有的启发信息来引导搜索，达到减少搜索范围、降低问题复杂度的目的（　　）。

A. 深度优先搜索　　　　B. 宽度优先搜索　　　　C. 盲目搜索算法　　D. 启发式搜索

8. 根据估价函数值，按由小到大的次序对 OPEN 表中的节点进行重新排序的搜索方法叫作（　　）。

A. 深度优先搜索　　　　B. 宽（广）度优先搜索　　C. 有序搜索算法　　D. 启发式搜索

9. Dijkstra 算法的特点有（　　）。

A. 效率高　　　　B. 效率低　　　　C. 路径最短　　　　D. 复杂度高

10. 宽度优先搜索和深度优先搜索具有的相同点是（　　）。

A. 属于最短路径算法　　B. 效率低　　　　C. 搜索路线　　　　D. 复杂度高

三、编程题

1. 设有大小不等的三个圆盘 A、B、C 套在一根轴上，每个盘子上都标有数字 1、2、3、4，并且每个圆盘都可以独立地绕轴做逆时针转动，每次转动 90°，其初始状态 S_0 和目标状态 S_g 如图 2-11 所示，请用宽度优先搜索策略，求出 S_0 到 S_g 的路径。

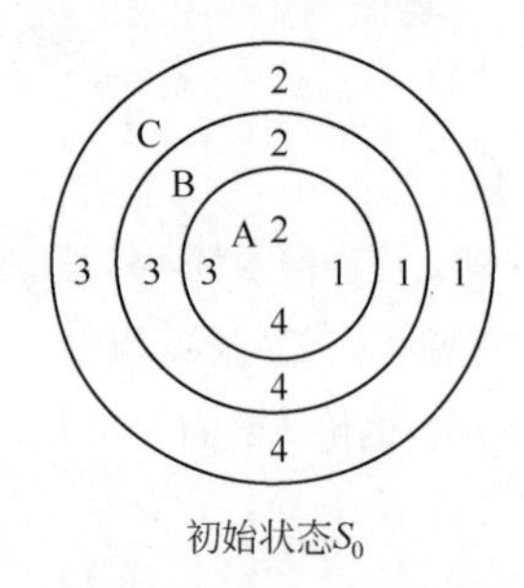

初始状态S_0

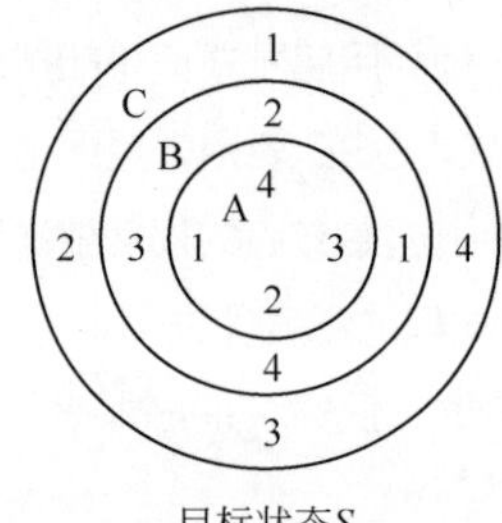

目标状态S_g

图 2-11　初始状态和目标状态

2. 图 2-12 是 5 个城市的交通图，城市之间的连线旁边的数字是城市之间路途的费用。要求从 A 城出发，经过其他各城市一次且仅一次，最后回到 A 城，请找出一条最优路线。

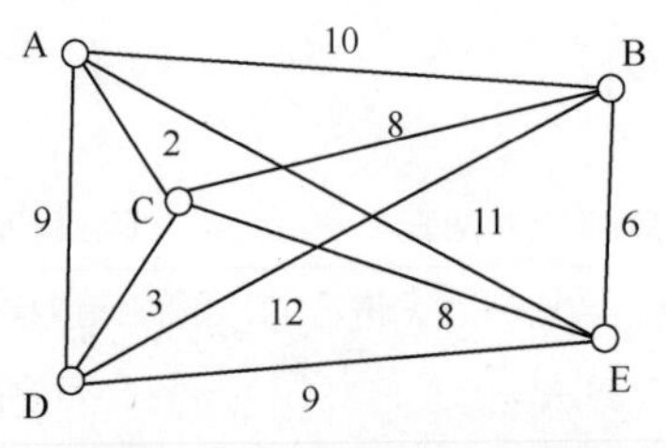

图 2-12　5 个城市交通图

参考答案

第3章

搜索的高级策略

搜索问题中，一方面某些问题的复杂度更高，直接用一般的搜索策略进行求解计算量过大。因而，以蚁群算法为代表的群智能优化算法展示出更好的寻优性能。另一方面，存在这么一类问题，其后面的状态由前面的状态所决定，也就是符合动态变化的特性。本章主要针对搜索问题中这两类问题的求解展开。

学习意义

面对复杂度更高的问题，使用智能优化算法提高系统性能。而对于动态变化的问题，寻找动态规划的解决方案。

学习目标

- 面对复杂度更高的问题，学会如何用智能优化算法求解；
- 对于前期状态相关的问题，学会如何用动态规划方法求解。

3.1 群智能优化算法

群智能算法是一种新兴的演化计算技术，已成为越来越多研究者的关注焦点，它与人工生命，特别是进化策略以及遗传算法有着极为特殊的联系。本节介绍群智能理论研究领域的两种典型算法：蚁群算法和粒子群优化算法。蚁群算法是对蚂蚁群落采集食物过程的模拟，已成功应用于许多离散优化问题。粒子群优化算法是起源于对鸟群觅食过程的模拟，通过群体中个体之间的协作和信息共享来寻找最优解。

3.1.1 蚁群算法

蚁群算法（ant colony optimization, ACO）是一种模拟蚁群寻找食物时通常可以找到巢穴到食物之间最短路径的自然现象的优化算法，由意大利学者 MarcoDorigo 等人于 1991 年首先提出，并首先使用在解决旅行商问题（TSP）上。自然界的蚂蚁虽然视觉不发达，但它可以在没有任何提示的情况下找到从食物源到巢穴的最短路径，并且能在环境发生变化（如原有路径上有了障碍物）后，自适应地搜索新的最短路径。蚁群觅食过程中，每只蚂蚁在所走过的路径上均会释放出一种信息素，该信息素随时间的推移逐渐挥发，使得一定范围内的其他蚂蚁能够察觉到并由此影响它们以后的行为。在单位时间内从越短路径上通过的蚂蚁数量越多，信息素的浓度越高。新来的蚂蚁和返回的蚂蚁会按着信息素浓度高的路径走，这样最短路径上的信息素浓度会越来越高，而其他路上的信息素随着挥发浓度越来越低。

因此，每条路径上的信息素同时存在正负反馈两种机制：正反馈——蚂蚁每次经过该路径均会释放信息素使得该路径上的信息素浓度增加；负反馈——每条路径上的信息素随时间推移会逐渐挥发。在起点与终点之间，当相同数量的蚂蚁同时经过两条不同的路径时，路径上初始信息素的浓度是相同的。不过，当路径越短时，信息素挥发时间也越短，残留信息素浓度也将越高。随后的蚂蚁将根据路径上残留信息素浓度的大小对路径进行选择：浓度越高时，选择概率越大。最终导致信息素浓度越高的路径上蚂蚁的选择数目越多，而更多的蚂蚁也将同时导致该路径上残留信息素浓度越高（即高者越高，低者越低）。因此，在理想情况下，整个蚁群将逐渐向信息素浓度最高的路径（即最短路径）进行转移。

以旅行商问题为例，给定一系列城市和每对城市之间的距离，求解访问每一座城市一次并回到起始城市的最短回路。蚁群算法是假设蚁群中的每只蚂蚁是具有以下特征的简单智能体：每次周游，每只蚂蚁在其经过的支路 (i, j) 上都留下信息素，蚂蚁选择城市的概率与城市之间的距离和当前连接支路上所包含的信息素余量有关。为了强制蚂蚁进行合法的周游，直到一次周游完成后，才允许蚂蚁游走已访问过的城市。

在蚁群算法中，包含状态转移和信息素更新两个过程。其中，在状态转移过程中，t 时刻蚂蚁 k 由城市 i 向城市 j 的状态转移概率为：

$$p_{ij}^{k}(t)=\begin{cases}\dfrac{[\tau_{ij}(t)]^{\alpha}[\eta_{ij}(t)]^{\beta}}{\sum\limits_{s\in \text{allowed}_k}[\tau_{ij}(t)]^{\alpha}[\eta_{ij}(t)]^{\beta}} & ,j\in \text{allowed}_k \\ 0 & ,j\notin \text{allowed}_k\end{cases} \tag{3-1}$$

式中，α 为信息启发式因子；β 为期望启发式因子；τ 为路径残留信息素；η 为启发函数；allowed_k 表示允许蚂蚁 k 访问的城市。启发函数 η 的表达式为：

$$\eta_{ij}(t)=\frac{1}{d_{ij}} \tag{3-2}$$

式中，d_{ij} 为节点 i 至节点 j 之间的距离。

在信息素更新过程中，残留信息素 τ 在完成一次迭代后集体进行更新，更新公式为：

$$\tau_{ij}(t+1)=(1-\rho)\tau_{ij}(t)+\Delta\tau_{ij}(t) \tag{3-3}$$

式中，ρ 为信息素挥发速度；$\Delta\tau_{ij}$ 为信息素增量。信息素增量 $\Delta\tau_{ij}$ 的计算公式为：

$$\Delta\tau_{ij}(t)=\sum_{k=1}^{m}\Delta\tau_{ij}^{k}(t) \tag{3-4}$$

每只蚂蚁对信息素增量的贡献为：

$$\Delta\tau_{ij}^{k}(t)=\begin{cases}Q/L_k，\text{若蚂蚁}k\text{从城市}i\text{访问城市}j \\ 0，\text{否则}\end{cases} \tag{3-5}$$

式中，Q 为蚂蚁循环一周后向经过路径释放信息素的总量；L_k 代表第 k 只蚂蚁在当前迭代过程中完整所走过的总路程。

3.1.2 粒子群优化算法

粒子群优化算法（particle swarm optimization，PSO）属于群智能算法的一种，是通过模拟鸟群捕食行为设计的。粒子群优化算法从随机解出发，用适应度来评价解的品质，通过迭代寻找最优解。假设区域里只有一块食物（即通常优化问题中所讲的最优解），鸟群的任务是找到这个食物源。鸟群在整个搜寻的过程中，通过相互传递各自的信息，让其他的鸟知道自己的位置，通过这样的协作，来判断自己找到的是不是最优解，同时也将最优解的信息传递给整个鸟群。最终，整个鸟群都能聚集在食物源周围，即找到了最优解。

粒子群优化算法通过设计一种无质量的粒子来模拟鸟群中的鸟，所有的粒子仅具有以下两个属性：速度、位置。速度代表移动的快慢，位置代表移动的方向。在每一次迭代中，粒子通过跟踪两个极值来更新自己：一个极值是粒子本身所找到的最优解 pbest；另一个极值是整个种群目前找到的最优解，即全局极值 gbest。每个粒子在搜索空间中单独搜寻最优解，将其记为当前个体最优解 pbest，并将个体最优解与整个粒子群里的其他粒了共享，找到最优的个体最优解作为整个粒子群的当前全局极值 gbest。粒子群中的所有粒子根据自己找到的当前个体最优解 pbest 和整个粒子群共享的当前全局极值 gbest 来调整自己的速度和位置。

粒子群优化算法的思想相对比较简单，主要分为：

① 初始化为一群随机粒子（随机解）；

② 评价粒子，即计算适应值；

③ 寻找个体最优解 pbest；

④ 寻找全局极值 gbest，达到收敛条件退出，否则继续步骤⑤；

⑤ 修改粒子的速度和位置，返回②。

粒子通过以下公式来更新自己的速度和位置：

速度更新公式：

$$v_i = wv_i + c_1 \times \text{rand}_1 \times (\text{pbest}_i - x_i) + c_2 \times \text{rand}_2 \times (\text{gbest}_i - x_i) \tag{3-6}$$

位置更新公式：

$$x_i = x_i + v_{i+1} \tag{3-7}$$

式中，w 为惯性因子，一般取 1；c_1、c_2 为学习因子，一般取 2；rand_1、rand_2 为两个（0,1）之间的随机数；v_i 和 x_i 分别表示粒子第 i 维的速度和位置；pbest_i、gbest_i 分别表示粒子第 i 维最好位置的值、整个种群第 i 维最好位置的值。以上公式是针对粒子的某一维进行更新的，对粒子的每一维，都要用上述的式子进行更新。

3.2 动态规划

在现实生活中，有一类活动的过程，由于它的特殊性，可将过程分成若干个互相联系的阶段，在它的每一阶段都需要做出决策，从而使整个过程达到最好的活动效果。因此各个阶段决策的选取不能任意确定，它依赖于当前面临的状态，又影响以后的发展。当各个阶段决策确定后，就组成一个决策序列，因而也就确定了整个过程的一条活动路线。这种把一个问题看作是一个前后关联具有链状结构的多阶段过程就称为多阶段决策过程，这种问题称为多阶段决策问题。在多阶段决策问题中，各个阶段采取的决策，一般来说是与时间有关的，决策依赖于当前状态，又随即引起状态的转移，一个决策序列就是在变化的状态中产生出来的，故有“动态”的含义，这种解决多阶段决策最优化的过程被称为动态规划。

作为运筹学的一个分支，动态规划（dynamic programming）是求解决策过程最优化的过程，后来沿用到编程领域。20 世纪 50 年代初，美国数学家贝尔曼（R.Bellman）等人在研究多阶段决策过程的优化问题时，提出了著名的最优化原理，从而创立了动态规划。动态规划的应用极其广泛，包括工程技术、经济、工业生产、军事以及自动化控制等领域，并在背包问题、生产经营问题、资金管理问题、资源分配问题、最短路径问题和复杂系统可靠性问题等中取得了显著的效果。动态规划是通过拆分问题、定义问题状态和状态之间的关系，使得问题能够以递推的方式去解决。具体来说，动态规划算法与分治法类似，其基本思想是将待求解的问题分解为若干个子问题（阶段），按顺序求解子问题，前一子问题的解，为后一子问题的求解提供了有用的信息。在求解任一子问题时，列出各种可能的局部解，通过决策保留那些有可能达到最优的局部解，丢弃其他局部解。依次解决各子问题，最后一个子问题就是初始问题的解。

由于动态规划解决的问题中多有重叠子问题，如果能够保存已解决的子问题的答案，而在需要时再找出已求得的答案，这样就可以避免大量的重复计算，从而节省时间。因此，对每一个子问题只解一次，将其不同阶段的不同状态保存在一个数组中，不管该子问题以后是否被用到，只要它被计算过，就将其结果填入数组中。具体的动态规划算法多种多样，但它们具有相同的填表格式。

在动态规划问题中，已知问题规模为 n 的前提 A_n，求解一个未知解 B。

① 如果把问题规模降到 0，即已知 A_0，可以得到 $A_0 \to B$。

② 如果从 A_0 添加一个元素，可以通过严格的归纳推理（数学归纳法）得到 A_1 的变化过程，即 $A_0 \to A_1$，进而有 $A_1 \to A_2$，$A_2 \to A_3$，…，$A_i \to A_{i+1}$。

对于 A_{i+1}，当只需要它的上一个状态 A_i，而不需要更前序的状态即可完成整个推理过程时，将这一模型称为马尔科夫模型，对应的推理过程叫作贪心法。

然而，A_i 与 A_{i+1} 往往不是互为充要条件，随着 i 的增加，有价值的前提信息越来越少，我们无法仅仅通过上一个状态得到下一个状态，因此可以采用如下方案：

$\{A_1 \to A_2\}$，$\{A_1,A_2 \to A_3\}$，$\{A_1,A_2,A_3 \to A_4\}$，…，$\{A_1,A_2,\cdots,A_i\} \to A_{i+1}$。

这种方式就是第二数学归纳法。

对于 A_{i+1} 需要所有前序状态才能完成推理过程时，将这一模型称为高阶马尔科夫模型，对应的推理过程即动态规划。

上述两种状态转移图如图 3-1 所示。

使用动态规划求解问题，最重要的就是确定动态规划三要素。

① 问题的阶段；

② 每个阶段的状态；

③ 从前一个阶段转化到后一个阶段之间的递推关系。

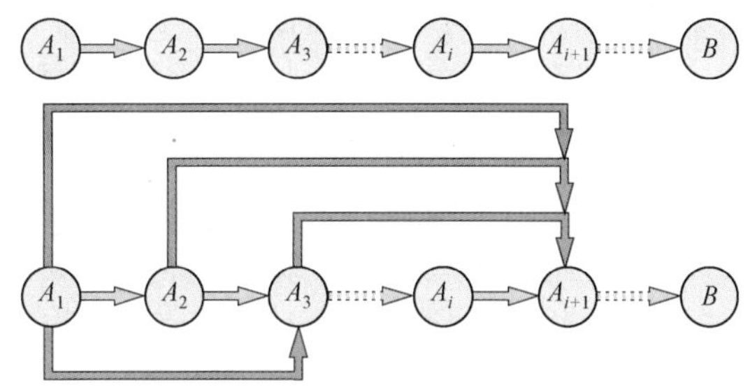

图 3-1　状态转移图

递推关系必须是从次小的问题开始到较大的问题之间的转化。动态规划的核心在于充分利用前面保存的子问题的解来减少重复计算，所以对于大规模问题来说，这种算法可以节省大量时间。

确定了动态规划的三要素之后，整个求解过程就可以用一个最优决策表来描述。最优决策表是一个二维表，其中行表示决策的阶段，列表示问题状态，表格需要填写的数据一般对应此问题在某个阶段某个状态下的最优值（如最短路径、最长公共子序列、最大价值等），填表的过程就是根据递推关系，从 1 行 1 列开始，以行或者列优先的顺序，依次填写表格，最后根据整个表格的数据通过简单的取舍或者运算求得问题的最优解。

能采用动态规划求解的问题一般要具有 3 个性质。

① 最优化原理：如果问题的最优解所包含的子问题的解也是最优的，就称该问题具有最优子结构，即满足最优化原理。

② 无后效性：某阶段状态一旦确定，就不受这个状态以后决策的影响。也就是说，某状态以后的过程不会影响以前的状态，只与当前状态有关。

③ 有重叠子问题：子问题之间是不独立的，一个子问题在下一阶段决策中可能被多次使用到（该性质并不是动态规划适用的必要条件，但是如果没有这条性质，动态规划算法同其他算法相比就不具备优势）。

动态规划的设计都有着一定的模式，一般要经历以下几个步骤。

① 划分阶段：按照问题的时间或空间特征，把问题分为若干个阶段。在划分阶段时，注意划分后的阶段一定是有序的或者是可排序的，否则问题就无法求解。

② 确定状态和状态变量：将问题发展到各个阶段时所处的各种客观情况用不同的状态表示出来。当然，状态的选择要满足无后效性。

③ 确定决策并写出状态转移方程：因为决策和状态转移有着天然的联系，状态转移就是根据上一阶段的状态和决策来导出本阶段的状态。所以如果确定了决策，状态转移方程也就可写出。但事实上常常是反过来做，根据相邻两个阶段的状态之间的关系来确定决策方法和状态转移方程。

④ 寻找边界条件：给出的状态转移方程是一个递推式，需要一个递推的终止条件或边界条件。

实际应用中可以按以下几个简化的步骤进行设计。

① 分析最优解的性质，并刻画其结构特征。

② 递归的定义最优解。

③ 以自底向上或自顶向下的记忆化方式（备忘录法）计算出最优值。

④ 根据计算最优值时得到的信息，构造问题的最优解。

动态规划算法实现的步骤如下。

① 创建一个一维数组或者二维数组，保存每一个子问题的结果，具体创建一维数组还是二维数组根据题目而定：如果题目中给出的是一个一维数组进行操作，就可以只创建一个一维数组；如果题目中给出了两个一维数组进行操作或者两种不同类型的变量值，比如背包问题中的不同物体的体积与总体积、找零钱问题中的不同面值零钱与总钱数，这时就需要创建一个二维数组。

② 设置数组边界值，一维数组就设置第一个数字，二维数组就设置第一行跟第一列的值，对于滚动一维数组要设置整个数组的值，然后根据后面不同的数据加进来变换成不同的值。

③ 找出状态转移方程，也就是找到每个状态跟上一个状态的关系，根据状态转移方程写出代码。

④ 返回需要的值，一般是数组的最后一个或者二维数组的最右下角的值。

3.3 编程实践

3.3.1 蚁群算法求解路径优化问题

旅行商问题，即 TSP 问题（travelling salesman problem），又译为旅行推销员问题、货郎担问题，是数学领域中的著名问题之一。假设有一个旅行商人要拜访 n 个城市，他必须选择所要走的路径，路径的限制是每个城市只能拜访一次，而且最后要回到原来出发的城市。路径的选择目标是求得的路径为所有路径之中的最小值。

假如在两城市 A、B 之间有两条路径，如图 3-2 所示。蚁群准备在 A、B 之间来回搬运食物，由于刚开始路径 1 和路径 2 上都没有信息素，因此蚁群随机选择路径，两条路径各占 50%。然后由于路径 1 比路径 2 短，因此单位时间内，经过路径 1 的蚂蚁更多（假如 $L_2=2L_1$，那么路径 1 上的蚂蚁一个来回后，路径 2 上的蚂蚁才刚到 B），因此路径 1 上的信息素也相对更浓。在这种正反馈机制的作用下，最终大部分蚂蚁都会选择走更短的路径 1。

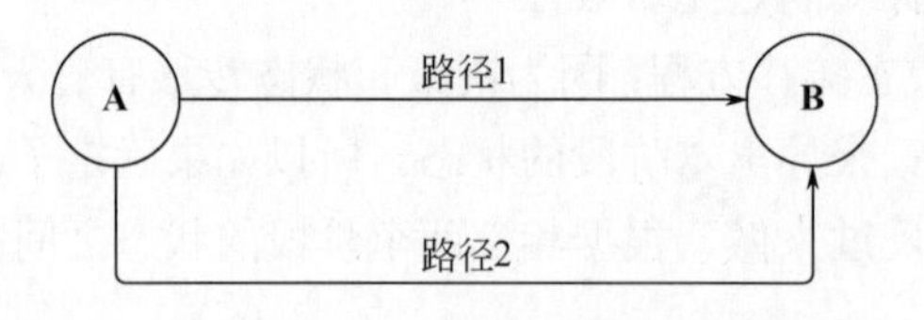

图 3-2 A、B 之间的路径示意图

编程时，分别建立“蚂蚁”类、“城市”类、“路径”类。

```
# 建立"蚂蚁"类
class Ant(object):
    def __init__(self, path):
        self.path = path                          # 蚂蚁当前迭代整体路径
```

```
        self.length = self.calc_length(path)  # 蚂蚁当前迭代整体路径长度

    def calc_length(self, path_):        # path=[A, B, C, D, A]注意路径闭环
        length_ = 0
        for i in range(len(path_)-1):
            delta = (path_[i].x - path_[i+1].x, path_[i].y - path_[i+1].y)
            length_ += np.linalg.norm(delta)
        return length_

    @staticmethod
    def calc_len(A, B):                  # 静态方法，计算城市 A 与城市 B 之间的距离
        return np.linalg.norm((A.x - B.x, A.y - B.y))

# 建立"城市"类
class City(object):
    def __init__(self, x, y):
        self.x = x
        self.y = y

# 建立"路径"类
class Path(object):
    def __init__(self, A):               # A 为起始城市
        self.path = [A, A]

    def add_path(self, B):               # 追加路径信息，方便计算整体路径长度
        self.path.append(B)
        self.path[-1], self.path[-2] = self.path[-2], self.path[-1]
```

构建蚁群算法的主体，设置蚂蚁数量为 200 只，蚁群最大迭代次数为 300 次，信息启发式因子 α=1，期望启发式因子 β=5，信息素挥发速度 ρ=0.1，信息素强度 Q=1。把城市的坐标保存在数据文件中。

```
# 构建"蚁群算法"的主体
class ACO(object):
    def __init__(self, ant_num=50, maxIter=300, alpha=1, beta=5, rho=0.1, 
Q=1):
        self.ants_num = ant_num       # 蚂蚁个数
        self.maxIter = maxIter        # 蚁群最大迭代次数
        self.alpha = alpha            # 信息启发式因子
        self.beta = beta              # 期望启发式因子
        self.rho = rho                # 信息素挥发速度
        self.Q = Q                    # 信息素强度
        ###########################
        self.deal_data('coordinates.dat')          # 提取所有城市的坐标信息
        ###########################
        self.path_seed = np.zeros(self.ants_num).astype(int)    # 记录一次迭
代过程中每个蚂蚁的初始城市下标
        self.ants_info = np.zeros((self.maxIter, self.ants_num))    # 记录每
次迭代后所有蚂蚁的路径长度信息
        self.best_path = np.zeros(self.maxIter)     # 记录每次迭代后整个蚁群的
"历史"最短路径长度
        ###########################
        self.solve()                  # 完成算法的迭代更新
```

```
        self.display()                          # 数据可视化展示
```

假设以某 31 个城市的 TSP 为例，31 个城市的分布坐标如图 3-3 所示。

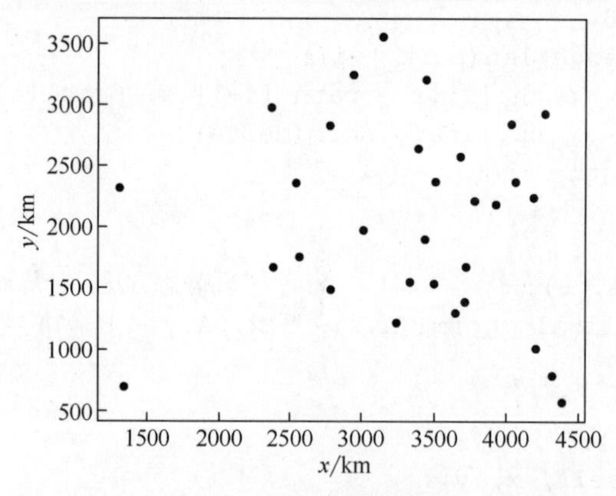

图 3-3　31 个城市分布

当迭代第一次后，得到的结果如图 3-4 所示，此时路径为 17003。

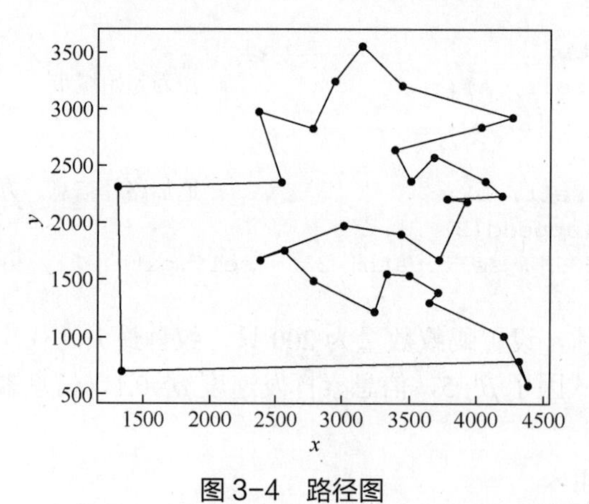

图 3-4　路径图

最后一次迭代完成后，得到的结果如图 3-5 所示，此时路径为 16014。

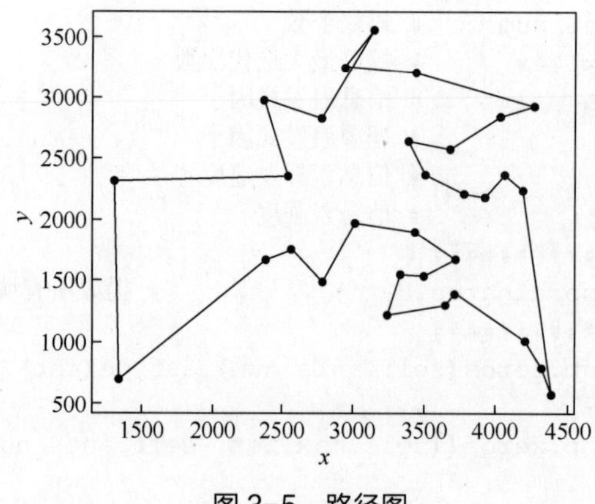

图 3-5　路径图

蚁群算法

从最后的结果可以看出，路径中仍有交叉部分，所以最后的结果仍不是最优解。这也从侧面说明了蚁群优化算法找到的解不一定是最优解，当前的算法仍然存在进一步优化的空间。

3.3.2 动态规划求解钢条切割效益最大化问题

假定某公司出售一段长度为i（单位：m）的钢条，对应的价格为$p_i(i=1,2,3,\cdots)$，钢条长度为整数，表3-1给出对应价格表。

表 3-1 钢条长度对应价格表

长度 i /m	1	2	3	4	5	6	7	8	9	10
价格 p_i /元	1	5	8	9	10	17	17	20	24	30

现在给定一段长度为n的钢条，那么怎么切割，获得的收益r_n最大？

问题分析：假设$n=4$，有以下8种切割方式，如图3-6所示。

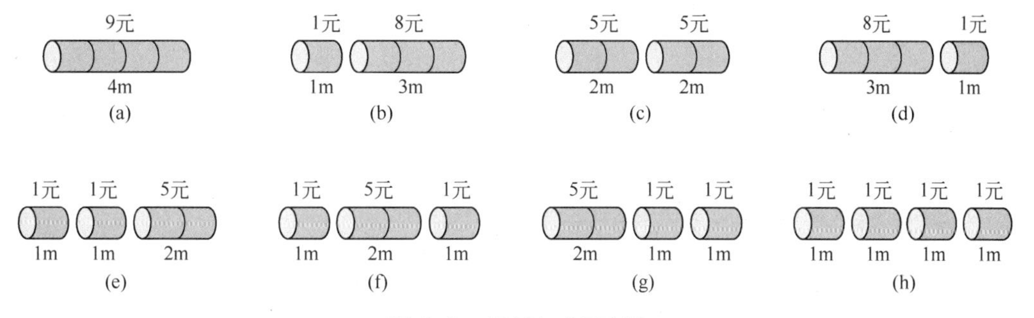

图 3-6 切割方式示意图

假如一个最优解把长度为n的钢条切成了k段$(1\leqslant k\leqslant n)$，那么切割方案可以表示为：$n=i_1+i_2+\cdots+i_k$，$i_k$表示第$i$段的长度，$n$为钢条的总长度。最大收益：$r_n=p_{i_1}+p_{i_2}+\cdots+p_{i_k}$，其中$p_{i_k}$表示第$i$段的收益，$r_n$为钢条的总收益。

问题求解方法1：采用自顶向下的方法递归求解。从钢条的左边切下长度为i的一段，只对右边剩下长度为$n-i$的一段继续进行切割，对左边的不再切割。当第一段长度为n时，收益为p_n，剩余长度为0，收益为0（递归的基本问题），对应的总收益为p_n。当第一段长度为i时，收益为p_i，剩余长度为$n-i$，对应的总收益为p_i加上剩余的$n-i$段的收益；在此基础上，再进行当第一段长度为j的切割，收益为p_j，剩余长度为$n-i-j$；持续切割，直到剩余长度为0，收益为0。递归方程式为：

$$r_n=\max_{1\leqslant i\leqslant n}(p_i+r_{n-i}) \tag{3-8}$$

在求解过程中，每次都要进行从1～n的遍历，因而该方法效率较低。

问题求解方法2：采用自底向上的方法实现动态规划。首先定义子问题的规模，使得任何问题的求解都只依赖于更小的子问题的解。将子问题按照规模排序，要使钢条总收益r_n最大，先分析规模最小的r_1，按从小到大的顺序，依次分析r_2，r_3，…，分析过程如下：

$r_1=p_1=1$

$r_2=\max[(p_1+r_1),(p_2+r_0)]=\max(2,5)=5$

$r_3=\max[(p_1+r_2),(p_2+r_1),(p_3+r_0)]=\max(6,6,8)=8$

…

当求解r_n的时候，它所依赖的更小的子问题都已经求解完毕，结果已经保存到了数组中。这种方法只是迭代求解，并没有进行递归。由于对每个子

问题只求解一次，并将结果保存到数组中，随后再次需要此子问题的解，只需查找保存的结果，不必重新计算，因而动态规划的计算时间较短，但需要付出额外的内存空间来储存计算结果。

课后练习

一、正误题

1. 蚁群算法是一种应用于组合优化问题的启发式搜索算法。(　　)

2. 蚁群算法是通过人工模拟蚂蚁搜索食物的过程，即通过个体之间的信息交流与相互协作最终找到从蚁穴到食物源的最短路径的。(　　)

3. 蚁群算法中，蚂蚁选择路径的原理是一种负反馈机制。(　　)

4. 蚂蚁系统是一种增强型学习系统。(　　)

5. 动态规划阶段的顺序不同，则结果不同。(　　)

6. 状态是由决策确定的。(　　)

7. 用逆序法求解动态规划问题的重要基础之一是最优性原理。(　　)

8. 列表法是求解某些离散变量动态规划问题的有效方法。(　　)

二、选择题

1. 关于蚁群算法 ，说法不正确的是（　　）。

A. 是最简单的进化算法　B. 是群体智能的典型算法

C. 模拟了蚂蚁群体解决问题的方法　D.其灵感来源于蚁群在觅食过程中，总能找到蚁穴到食物之间最短路径的现象

2. 以下关于蚁群算法说法正确的是（　　）。

A. 蚁群算法是一种自组织的算法

B. 蚁群算法是一种本质上并行的算法

C. 蚁群算法是一种正反馈的算法

D. 蚁群算法具有较强的鲁棒性

3. 以下关于蚁群算法的说法，错误的是（　　）。

A. 蚁群算法用于预测蚁群在给定条件下的行为

B. 蚁群算法是从生物智能现象抽象出的算法

C. 蚁群算法属于群体智能

D. 对蚁群觅食的模拟要考虑到环境、选择路线等多种因素

4. 在蚁群算法中，信息素启发因子反映了蚁群在路径搜索中随机性因素的作用。其值越大，则（　　）。

A. 蚂蚁选择以前走过的路径的可能性就越大

B. 蚂蚁选择以前走过的路径的可能性就越小

C. 算法搜索的随机性越大，搜索的收敛速度会加快

D. 算法搜索的随机性越小，搜索结果越易陷于局部最优

5. 关于动态规划算法的特点，不正确的是（　　）。

A. 使用最优化原理

B. 完备搜索

C. 无后效性

D. 有重叠子问题

6. 动态规划法求解问题包括（　　）阶段。

A. 划分阶段

B. 确定状态和状态变量

C. 确定决策并写出状态转移方程

D. 寻找边界条件

7. 动态规划方法的解题步骤不包括（　　）。

A. 分析最优解的性质，并刻画其结构特征

B. 递归的定义最优解

C. 确定子过程指标函数的具体形式

D. 根据计算最优值时得到的信息，构造问题的最优解

三、编程题

1. 柔性作业车间调度问题：某加工系统有 6 台机床，要加工 4 个工件，每个工件有 3 道工序，如表 3-2 所示。比如工件 p_{11} 代表第一个工件的第一道工序，可由机床 1 用 2h 完成，或由机床 2 用 3h 完成，或用机床 3 用 4h 完成。使用蚁群算法，优化最大完工时间。

表 3-2　柔性作业车间调度问题

工序选择		加工机床及加工时间/h					
		1	2	3	4	5	6
机床 1（J_1）	p_{11}	2	3	4			
	p_{12}		3		2	4	
	p_{13}	1	4	5			
机床 2（J_2）	p_{21}	3		5		2	
	p_{22}	4	3		6		
	p_{23}			4		7	11
机床 3（J_3）	p_{31}	5	6				
	p_{32}		4		3	5	
	p_{33}			13		9	12
机床 4（J_4）	p_{41}	9		7	9		
	p_{42}		6		4		5
	p_{43}	1		3			3

2. 假设有 1 元、3 元、5 元的硬币若干（无限个），现在需要凑出 11 元，问：如何组合才能使硬币的数量最少？请用动态规划方法解决这一问题。

参考答案

第二部分
知识发现

知识发现是从各种信息中根据不同的需求获得知识，在此过程中，向使用者屏蔽原始数据的烦琐细节，从原始数据中提炼出有意义的、简洁的知识，直接向使用者报告。机器学习是进行知识发现的重要方法，其涉及数据分类、数据聚类、预测、关联分析、时间序列分析等多方面的内容。机器学习中的中心问题是从特殊的训练样例中归纳出通用式函数，往往在预定义的假设空间搜索假设，使其与训练样例达到最佳拟合度的搜索问题的过程，从中得出该问题的一般定义。

本部分主要描述机器学习中的各类知识发现的方法，包括概念学习、决策树学习、线性回归和分类、朴素贝叶斯、支持向量机、人工神经网络和深度学习、聚类等。

第4章

概念学习和决策树

归纳是从特殊到一般的泛化过程，演绎则是从一般到特殊的特化过程。从样例中学习是一个典型的归纳学习，广义的归纳学习大体相当于从样例中学习，而狭义的归纳学习则要求从训练数据中学得概念，因此也称为概念学习。然而要学得泛化性能好且语义明确的概念实在太困难了，因而这种方法应用较少。而决策树从给定训练数据集学得一个模型用以对新的示例进行分类，是人类在面临决策问题时的一种很自然的处理机制。

学习意义

通过学习概念学习的方法，体会概念形成的过程和得到概念的困难程度。在此基础上，通过决策树方法的学习，理解实际中常用的分类方法。

学习目标

- 了解概念学习的方法，如 Find-S 算法；
- 学会如何计算信息熵和信息增益；
- 熟悉决策树学习的基本算法。

4.1 概念学习

4.1.1 什么是概念学习

人类学习包含从过去的经历中获得一般性的概念。例如，人类可以通过大量特征集合定义出特定特征集合来辨别出每一种交通工具的不同。这个特征集合可以从“交通工具”的集合中区分出名为“汽车”的子集。而这种区分出汽车的特征集合便被称为概念。类似地，机器也可以通过处理训练数据，找出对象是否属于特定类别，最终找出与训练实例拟合度最高的假设，从而实现概念学习。也就是说，概念学习从有关某个布尔函数的输入输出训练样例中推断出该布尔函数，或者给定某一类别的若干正例和反例，从中获得该类别的一般定义。

概念学习实际上是一个搜索过程，它在预定义的假设空间中按着某种搜索策略进行搜索，使学到的概念与训练实例有最佳的拟合度。定义一个概念的对象集称为实例集，用 X 表示。要学习的概念或函数称为目标概念，用 c 表示。它可以看作是一个在 X 上定义的布尔值函数，表示为 $c{:}X\rightarrow\{0, 1\}$。如果有一套具有特定目标概念 c 的特征的训练实例，那么学习者面临的问题则是去估计可在训练数据上定义的 c。

关于目标概念的特征，H 被用来表示学习者可能考虑的所有可能假设的集合。此时学习者的目标是找到一个能够辨别 X 中所有对象的假设 H，使得对所有的 X 中的 x，有 $h(x)=c(x)$。

一个支持概念学习的算法需要：

① 训练数据（通过过去的经验来训练模型）；

② 目标概念（通过假设来辨别数据对象）；

③ 实际数据对象（用于测试模型）。

其中，训练数据中的正例是指目标值为真（true, 1）的实例，反例是指目标值为假（false, 0）的实例。

4.1.2 寻找极大特殊假设算法

假设 4 个特征属性集合组成的概念学习问题有以下符号：

① <ϕ, ϕ, ϕ, ϕ>代表拒绝所有实例的假设；

② < ? , ? , ? , ? > 代表全部接受所有实例的假设；

③ <true,false, ? , ? >代表接受部分实例的假设。

所有可能假设的总数是 3^4+1，因为一个特征可能有真、假或?以及一个拒绝所有实例的假设（ϕ）。概念学习依托于一个概念，即将假设从一般到特殊的排序。当：

$h1$ = <true,true, ? , ? >

$h2$ = <true, ? , ? , ? >

可以判断，任何由 $h1$ 分类的实例也将被 $h2$ 分类，即 $h2$ 比 $h1$ 更一般。通过这个概念，便可以找到一个可以在整个数据集 X 上定义的一般化假设。更多的一般化的例子如：

① 当前假设是< ϕ, ϕ, ϕ, ϕ >，训练实例是 <true, true, false, false>，则可以直接用新假设代替当前的假设。

② 当前假设是 <true, true, false, false>，训练实例是 <true, true, false, true>，则新假设为：<true, true, false, true> ∧ <true, true, false, false> = <true, true, false, ?>。

为了找到在 X 上定义的单个假设，可以使用比部分排序更一般的概念。其中寻找极大特殊假设算法（Find-S 算法）是从 H 中最具体的假设开始，并在每次它不能将训练数据中的正例分类时，都去一般化这个假设。Find-S 算法的步骤如下：

① 从最特殊假设开始，如这个假设可以表示为 $h\leftarrow$<ϕ, ϕ, ϕ, ϕ>。

② 选择下一个训练实例，如果实例为反例，保持假设不变；如果实例为正例，并且当前假设太过于特殊，则更新当前的假设，即将当前假设更一般化。

③ 重复步骤②直到无新的训练实例出现，输出假设。

作为概念学习最基本的算法之一，Find-S 算法没有办法确定最终假设是否是唯一一个与数据一致的假设，同时因为算法忽略了反例，因而不一致的训练实例会误导 Find-S 算法。

Find-S 算法不能回溯对找到的假设的选择，也不能够逐步改进所得到的假设，具有很大的局限性。而这些局限性可以通过候选消除算法得到解决。

4.1.3 候选消除算法

候选消除算法（candidate elimination algorithm）也是一种概念学习算法，引入了变型空间的概念，它能解决 Find-S 算法的不足，输出的是与训练样例一致的所有假设的集合。

候选消除算法计算出的变型空间，包含假设空间 H 中与样例的观察序列一致的所有假设。开始，变型空间被初始化为 H 中所有假设的集合，即将 G 边界集合初始化为 H 中最一般的假设 $G_0=\{<?,\cdots,?>\}$，并将 S 边界集合初始化为最特殊的假设 $S_0=\{<\phi,\cdots,\phi>\}$。可以看出，这两个边界包含了整个假设空间。算法在处理每一个训练样例时，S 和 G 边界集合分别被一般化和特殊化，从变型空间中逐步消去与样例不一致的假设。在所有训练样例处理完后，得到的变型空间就包含了所有与样例一致的假设，而且只包含这样的假设。

候选消除算法的步骤如下：

① 初始化 G 为 H 中极大一般假设，初始化 S 为 H 中极大特殊假设。

② 对每个训练样例 d 进行以下操作：

如果 d 是一个正例：

a. 从 G 中移去所有与 d 不一致的假设。

b. 对 S 中每一个与 d 不一致的假设 s，做以下处理：

- 从 S 中移去 s；
- 把 s 的所有极小一般化式 h 加入 S 中，其中 h 满足：h 与 d 一致，而且 G 的某个成员比 h 更一般；
- 从 S 中移去所有这样的假设：它比 S 中另一假设更一般。

如果 d 是一个反例：

a. 从 S 中移去所有与 d 不一致的假设。

b. 对 G 中每一个与 d 不一致的假设 g，做以下处理：

- 从 G 中移去 g；
- 把 g 的所有极小特殊化式 h 加入 G 中，其中 h 满足：h 与 d 一致，而且 S 的某个成员比 h 更特殊；
- 从 G 中移去所有这样的假设：它比 G 中另一假设更特殊。

4.2 决策树学习

顾名思义，决策树是基于树结构从给定训练数据集学得一个模型用以对新的示例进行分类，这也是人类在面临决策问题时一种很自然的处理机制。图 4-1 是贷款申请是否批准的决策树。

由图 4-1 中的决策树可以看出，要对是否同意贷款申请这样的问题进行决策时，通常会进行一系列的判断或子决策，如判断申请人的年龄是青年还是老年，如果是青年，再判断申请人是否有工作，如果有工作，再判断他是否有自己的房子，如果没有自己的房子，再判断信贷情况，最后得出最终的决策：同意或不同意申请人的贷款申请。

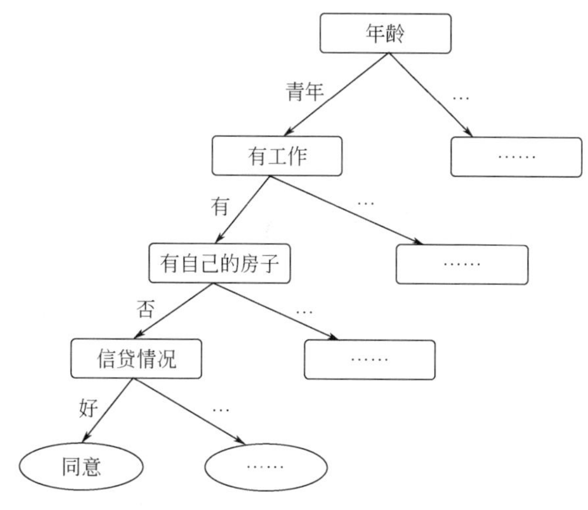

图 4-1　贷款申请问题的一个决策树

在决策过程中，每个判断问题都是对某个属性的测试。然而应该首先考虑哪个属性呢？这就需要确定选择划分属性的准则。直观上，如果一个属性具有更好的分类能力，或者说，按照这一个属性将训练数据集分成子集，使得各子集在当前条件下有最好的分类，那么就更应该选择这个属性。

4.2.1　划分属性准则

决策树学习的关键是如何选择最优属性划分。一般而言，随着划分过程不断进行，我们希望决策树的分支节点所包含的样本尽可能属于同一个类别，即节点的纯度（purity）越来越高。对决策树选择最优划分属性涉及两个很重要的概念：信息熵与信息增益。

信息熵（information entropy）是度量样本集合纯度最常用的一种指标。假定当前样本集合 D 中第 k 类样本所占的比例为 $p_k(k=1, 2, \cdots, K)$，则 D 的信息熵定义为：

$$\mathrm{Ent}(D) = -\sum_{k=1}^{K} p_k \log_2 p_k \tag{4-1}$$

若 $p=0$，则 $p\log_2 p=0$。$\mathrm{Ent}(D)$的值越小，则 D 的纯度越高。$\mathrm{Ent}(D)$的最小值为 0，最大值为 $\log_2 K$。

假定离散属性 a 有 V 个可能的取值$\{a^1, a^2, \cdots, a^V\}$，若使用 a 来对样本集 D 进行划分，则会产生 V 个分支节点，其中第 v 个分支节点包含了 D 中所有在属性 a 上取值为 a^v 的样本，记为 D^v，可根据式（4-1）计算出 D^v 的信息熵。

考虑到不同的分支节点所包含的样本数不同，给分支节点赋予权重$|D^v|/|D|$，即样本数越多的分支节点的影响越大，于是可计算出用属性 a 对样本集 D 进行划分所获得的信息增益（information gain）为：

$$\mathrm{Gain}(D,a)=\mathrm{Ent}(D)-\sum_{v=1}^{V}\frac{|D^v|}{|D|}\mathrm{Ent}(D^v) \tag{4-2}$$

决策树学习通过信息增益划分属性。给定数据集 D 和属性 a，信息熵 $\mathrm{Ent}(D)$ 表示对数据集 D 进行分类的不确定性，而 $\sum_{v=1}^{V}\frac{|D^v|}{|D|}\mathrm{Ent}(D^v)$ 是条件熵，表示在属性 a 给定的条件下对数据集 D 进行分类的不确定性。那么它们的差即信息增益，就表示由于属性 a 而使得对数据集 D 的分类的不确定性减少的程度。显然，对于数据集 D 而言，信息增益依赖于特征，不同的特征往往具有不同的信息增益。

综上，信息增益越大，说明在知道属性 a 的取值后样本集的不确定性减小的程度越大，也就是划分后所得的纯度提升越大。因此，可以根据信息增益进行划分属性的选择，对数据集（或子集）D，计算其每个属性的信息增益，并比较它们的大小，选择信息增益最大的特征。

以信息增益作为划分数据集的准则，存在偏向于选择取值较多的属性的问题。举个极端的例子，假设某个属性的可能取值 V 与数据集 D 的样本数相等，如果将其作为一个划分属性，计算出来的信息增益将远大于其他属性。这很容易理解：这个属性产生的分支节点中将仅包含一个样本，这些分支节点的纯度已经达到最大。然而，这样的决策树显然不具有泛化能力，无法对新样本进行有效预测。

信息增益率（information gain ratio）可以对这一问题进行校正，可以作为选择最优划分属性的另一种准则。信息增益率被定义为属性 a 对数据集 D 的信息增益与数据集 D 关于属性 a 的信息熵之比，即：

$$\mathrm{GainRatio}(D,a)=\frac{\mathrm{Gain}(D,a)}{\mathrm{IV}(a)} \tag{4-3}$$

式中，$\mathrm{IV}(a)=-\sum_{v=1}^{V}\frac{|D^v|}{|D|}\log_2\frac{|D^v|}{|D|}$；IV 称为属性 a 的“固有值”（intrinsic value）。属性 a 的可能取值数目越多（即 V 越大），$\mathrm{IV}(a)$ 的值通常越大。

基尼指数（Gini index）也是决策树选择最优划分属性的准则之一。数据集 D 的纯度用基尼值来度量：

$$\mathrm{Gini}(D)=\sum_{k=1}^{K}\sum_{k\neq k'}p_k p_{k'}=1-\sum_{k=1}^{K}p_k^2 \tag{4-4}$$

直观来说，$\mathrm{Gini}(D)$ 反映了从数据集 D 中随机抽取两个样本，其类别标记不一致的概率。因此，$\mathrm{Gini}(D)$ 越小，则数据集 D 的纯度越高。

同样地，在属性 a 的条件下，数据集 D 的基尼指数定义为：

$$\mathrm{Gini\_index}(D,a)=\sum_{v=1}^{V}\frac{|D^v|}{|D|}\mathrm{Gini}(D^v) \tag{4-5}$$

于是，在候选属性集合 A 中，选择那个使得划分后基尼指数最小的属性作为最优划分属性。

4.2.2 决策树的生成

基于不同的属性划分准则，决策树有不同的生成算法。常见的有 ID3、C4.5、CART。

4.2.2.1 决策树生成基本算法

一般地，一棵决策树包含一个根节点、若干个子节点和若干个叶节点。叶节点对应于决策结果，其他每个节点则对应于一个属性测试。每个节点包含的样本集合根据属性测试的结果被划分到子节点中，根节点包含样本全集。从根节点到每个叶节点的路径对应了一个判定测试序列。决策树学习的基本流程遵循简单且直观的分而治之（divide-and-conquer）策略如下。

输入：训练数据集 $D=\{(x_1,y_1),(x_2,y_2),\cdots,(x_m,y_m)\}$，属性集 $A=\{a_1,a_2,\cdots,a_d\}$；

过程：决策树生成，函数 TreeGenerate(D,A)。

① 生成节点 node。

② 如果 D 中样本全属于同一类别 C，将 node 标记为 C 类叶节点，返回决策树。

③ 如果 $A=\phi$ 或者 D 中的样本在 A 上取值相同，将 node 标记为叶节点，其类别标记为 D 中样本数最多的类，返回决策树；否则，从 A 中选择最优划分属性 a_*。

④ 遍历 a_* 中的每一个值 a_*^v，为 node 生成一个分支，令 D_v 表示 D 中在 a_* 上取值为 a_*^v 的样本子集。

⑤ 如果 D_v 为空，将分支节点标记为叶节点，其类别标记为 D 中样本最多的类，返回决策树；否则，以 TreeGenerate(D_v, $A\{a_*\}$)为分支节点，其中 $A\{a_*\}$)表示从 A 中去除掉 a_*。

⑥ 重复过程①～⑤。

输出：以 node 为根节点的一棵决策树。

显然，决策树的生成是一个递归过程。在决策树生成算法中，有 3 种情形会导致递归返回：当前节点包含的样本全属于同一个类别，无须划分；当前属性集为空，或是所有样本在所有属性上取值相同，无法划分；当前节点包含的样本集合为空，不能划分。

4.2.2.2 ID3 算法

ID3 算法的核心是在决策树各个节点上应用信息增益准则进行最优划分属性选择，递归地构建决策树。具体方法是：从根节点开始，对节点计算所有可能属性的信息增益，选择信息增益最大的属性作为节点的属性，由该属性的不同取值建立子节点；再对子节点递归地调用以上方法，构建决策树；直到所有属性的信息增益均很小或没有属性可以选择为止，最后得到一棵决策树。ID3 算法相当于用极大似然法进行概率模型的选择。

ID3 算法如下。

创建树的根节点；

如果样例都为正例，返回分类为正例的单节点树；如果样例都为反例，返回分类为反例的单节点树；如果属性为空，那么返回单节点树，分类为样例中最普遍的类别标记；

否则开始：

  属性中分类样例能力最好的属性作为根节点属性；

  对于 A 的每个可能值 v_i：

    在节点下加一个新的分支对应测试 $A=v_i$；

    令样例 V_i 为样例中满足 A 属性值为 v_i 的子集；

    如果样例 V_i 为空：

在这个新分支下加一个叶子节点，节点的类别标记为最普遍的类别标记；

否则在新分支下加一个子树 ID3(样例 V_i，目标属性，属性{A})；

结束；

返回根节点。

ID3 算法能够根据信息增益得到决策树，但 ID3 算法没有考虑连续特征，比如长度、密度都是连续值，无法在 ID3 运用，这大大限制了 ID3 的用途。同时，由于优先采用信息增益大的属性优先建立决策树的节点，在相同条件下，取值比较多的特征比取值少的属性信息增益大。此外，ID3 算法没有考虑缺失值的情况，也没有考虑过拟合的问题。因此，ID3 算法的开发者（J. Ross Quinlan）给出了其改进算法 C4.5。

4.2.2.3　C4.5 算法

决策树 C4.5 算法对 ID3 算法的不足之处进行了改进，主要包括以下方面：

（1）连续值处理

现实学习任务中常会遇到连续属性，但连续属性的可取值数目不再有限，因此不能直接根据连续属性的可取值来对节点进行划分。C4.5 算法中采用连续属性离散化策略进行处理，其中最简单的策略是采用二分法（bi-partition）对连续属性进行处理。

给定样本集 D 和连续属性 a，假定 a 在 D 上出现了 n 个不同的取值，将这些值从小到大进行排序，记为$\{a^1, a^2, \cdots, a^n\}$。基于划分点 t 可将 D 分为子集 D_t^- 和 D_t^+，其中 D_t^- 包含那些在属性 a 上取值不大于 t 的样本，而 D_t^+ 则包含那些在属性 a 上取值大于 t 的样本。显然，对相邻的属性取值 a^i 与 a^{i+1} 来说，t 在区间$[a^i, a^{i+1})$中取任意值所产生的划分结果相同。因此，对连续属性 a 可考察包含 $n-1$ 个元素的候选划分点集合：

$$T_a = \left\{ \frac{a^i + a^{i+1}}{2} \mid 1 \leqslant i \leqslant n-1 \right\} \tag{4-6}$$

即把区间$[a^i, a^{i+1})$的中位点 $\frac{a^i + a^{i+1}}{2}$ 作为候选划分点。然后，就可以像离散属性值一样来考察这些划分点，选取最优的划分点进行样本集合的划分。例如，可对式（4-2）稍加改造：

$$\begin{aligned} \mathrm{Gain}(D,a) &= \max_{t \in T_a} \mathrm{Gain}(D,a,t) \\ &= \max_{t \in T_a} \mathrm{Ent}(D) - \sum_{\lambda \in \{-,+\}} \frac{|D_t^\lambda|}{|D|} \mathrm{Ent}(D_t^\lambda) \end{aligned} \tag{4-7}$$

式中，$\mathrm{Gain}(D, a, t)$是样本集 D 基于划分点 t 二分后的信息增益。于是，可以选择使 $\mathrm{Gain}(D, a, t)$最大的划分点。

注意：可将划分点设为该属性在训练集中出现的不大于中位点的最大值，从而使得最终决策树使用的划分点都在训练集中出现过。

（2）偏向于选择取值较多的属性的问题处理

ID3 算法以信息增益作为划分数据集的准则，而 C4.5 算法使用信息增益率作为最优划分属性选择的准则，从而避免了偏向于选择取值较多的属性的问题。但为避免信息增益率准则对可取值数目较少的属性有所偏好，C4.5 算法并不是直接选择增益率最大的候选划分属性，而是使用了一个启发式规则，即先从候选划分属性中找出信息增益高于平均水平的属性，再从中选择增益率最高的。

（3）缺失值处理

现实任务中常会遇到不完整样本，即样本的某些属性值缺失，尤其是在属性数目较多的情况下，往往会有大量样本出现缺失值。如果简单地放弃不完整样本，仅使用无缺失值的样本来进行学习，显然是对数据信息极大的浪费。对于缺失值的处理问题，C4.5 算法主要有两方面：

① 如何在属性缺失的情况下进行划分属性选择？

② 给定划分属性，若样本在该属性上的值缺失，如何对样本进行划分？

给定训练集 D 和属性 a，令 $\tilde{D}$ 表示 D 中在属性 a 上没有缺失值的样本子集。

对于第一个问题，显然仅可以通过 $\tilde{D}$ 来判断属性 a 的优劣。假定属性 a 有 V 个可能的取值 $\{a^1, a^2, \cdots, a^V\}$，令 $\tilde{D}^v$ 表示 $\tilde{D}$ 中属性 a 上取值为 a^v 的样本子集，$\tilde{D}_k$ 表示 $\tilde{D}$ 中属于第 k 类 $(k=1, 2, \cdots, K)$的样本子集，则显然有 $\tilde{D} = \bigcup_{k=1}^{K} \tilde{D}_k$，$\tilde{D} = \bigcup_{v=1}^{V} \tilde{D}^v$。假定为每个样本 x 赋予一个权重 w_x，并定义：

$$\rho = \frac{\sum_{c\in\tilde{D}} w_x}{\sum_{c\in D} w_x} \tag{4-8}$$

$$\tilde{p}_k = \frac{\sum_{c\in\tilde{D}_k} w_x}{\sum_{c\in\tilde{D}} w_x} \quad (1 \leqslant k \leqslant K) \tag{4-9}$$

$$\tilde{r}_v = \frac{\sum_{c\in\tilde{D}^v} w_x}{\sum_{c\in\tilde{D}} w_x} \quad (1 \leqslant v \leqslant V) \tag{4-10}$$

在决策树学习开始阶段，根节点中各样本的权重初始化为 1。直观地看，对属性 a，ρ 表示无缺失值样本所占的比例，$\tilde{p}_k$ 表示无缺失值样本中第 k 类所占的比例，$\tilde{r}_v$ 则表示无缺失值样本中在属性 a 上取值 a^v 的样本所占的比例，显然，$\sum_{k=1}^{K} \tilde{p}_k = 1$，$\sum_{v=1}^{V} \tilde{r}_v = 1$。

基于上述定义，可将信息增益的计算式（4-2）推广为：

$$\mathrm{Gain}(D,a) = \rho \times \mathrm{Gain}(\tilde{D},a) = \rho \times \left[\mathrm{Ent}(\tilde{D}) - \sum_{v=1}^{V} \tilde{r}_v \, \mathrm{Ent}(\tilde{D}^v) \right] \tag{4-11}$$

其中根据式（4-1），有：

$$\mathrm{Ent}(\tilde{D}) = -\sum_{k=1}^{K} \tilde{p}_k \log_2 \tilde{p}_k \tag{4-12}$$

对第二个问题，若样本 x 在划分属性 a 上的取值已知，则将 x 划入与其取值对应的子节点，且样本权值在子节点中保持为 w_x。若样本 x 在划分属性 a 上的取值未知，则将 x 同时划入所有子节点，且样本权值在与属性值 a^v 对应的子节点中调整为 $\tilde{r}_v w_x$，直观地看，这就是让同一个样本以不同的概率划入不同的子节点中去。

（4）过拟合

C4.5 算法引入了正则化系数进行初步的剪枝。

C4.5 算法经过了一定的改进，较 ID3 算法已有明显提升，但仍存在一些不足。由于决策树算法非常容易过拟合，因此对于生成的决策树必须要进行剪枝。剪枝的算法非常多，C4.5 的剪枝方法有优化的空间。同时 C4.5 生成的是多叉树，即一个父节点可以有多个子节点。很多时候，在计算机中二叉树模型会比多叉树运算效率高。如果采用二叉树，可以提高效率。C4.5 只能用于分类，如果能将决策树用于回归，可以扩大它的使用范围。C4.5 由于使用了熵模型，里面有大量耗时的对数运算，如果是连续值还有大量的排序运算。如果能够对模型加以简化可以减少运算强度但又不牺牲太多准确性的话，那就更好了。

4.3 归纳学习假设

机器学习的任务是在整个实例集合 X 上确定与目标概念 c 相同的假设 h，但是由于 c 仅有的信息只是它在训练样例上的值，那么归纳学习算法最多只能保证输出的假设能与训练样例相拟合，来假定完成未见实例与训练数据最佳拟合的最好假设。

任一假设若是能够在足够大的训练样例集中很好地逼近目标函数，那么它也能在未见实例中很好地逼近目标函数，达到最佳拟合。

由于概念学习本身可以看作是一个搜索的过程，范围是表示所有隐含定义的整个假设空间。为寻找能最好拟合训练样例的假设，一旦假设的表示形式选定，那么也就为算法确定了所有假设的隐含空间。

4.4 编程实践

Find-S算法

4.4.1 寻找极大特殊假设算法解决概念学习

表 4-1 给出了表征天气的各个属性，根据各个天气属性，EnjoySport 应为 Yes 或 No。要求基于某天的各属性，预测 EnjoySport 为 Yes 或 No。

表 4-1 目标概念 EnjoySport 的训练样例

Example	Sky	AirTemp	Humidity	Wind	Water	Forecast	EnjoySport
1	sunny	warm	normal	strong	warm	change	yes
2	sunny	warm	high	strong	warm	same	yes
3	sunny	warm	high	strong	cold	change	yes
4	rainy	cold	high	strong	warm	change	no

采用 Find-S 算法。首先把假设表示为：$h \leftarrow <\phi, \phi, \phi, \phi, \phi, \phi>$，然后输入第一天的训练样例，该样例为正例，由于初始假设太过于特殊，需要更新假设，即：$h \leftarrow$<sunny, warm, normal, strong, warm, change>。然后输入第二天训练样例，该样例为正例，且与 h 相比只有 Humidity 和

Forecast 发生变化，因而执行成对连接得：h←<sunny, warm, ?, strong, warm, ?>。同理，输入第三天训练样例，得：h←<sunny, warm, ?, strong, ?, ?> 。第四天训练样例为反例，假设保持不变。最终结果为：h←<sunny, warm, ?, strong, ?, ?> 。

候选消除算法

4.4.2 候选消除算法解决概念学习问题

与 4.4.1 节的问题一样，采用候选消除算法解决该问题。

首先把假设表示为：S_0←{ϕ}，G_0←{<? ,? ,? ,? ,? ,? >}，然后输入第一天训练样例，样例为正例，更新初始假设 S_1←{<sunny,warm,normal,strong,warm, same>}，G_1←{<? ,? ,? ,? ,? ,? >}。输入第二天训练样例，训练样例为正例，根据候选消除算法对目标概念的处理法则可以得到 S_2←{< sunny,warm,?,strong,warm,same >}，G_2←{<? ,? ,? ,? ,? ,? >}。输入第三天训练样例，样例为正例，可得 S_3←{< sunny,warm,?,strong,?,? >}，G_3←{<? ,? ,? ,? ,? ,? >}。输入第四天训练样例，样例为反例，得 S_4←{<sunny,warm,?,strong,?,?>}，G_4←{<sunny,?,?,?,?,?> < ?,warm,?,?,?,?> }。最后处理结果为：S←{<sunny,warm,?,strong,?,?>}；G←{<sunny,?,?,?,?,?> < ?,warm,?,?,?,?> }。可以看出，仅仅依靠题目给出的样例，候选消除算法求到的解并没有收敛。因而，需要加入训练样例使得解收敛。

下面尝试加入样例 5 如表 4-2 所示。

表 4-2　目标概念的训练样例 5

Example	Sky	AirTemp	Humidity	Wind	Water	Forecast	EnjoySport
5	sunny	warm	Normal	light	warm	same	no

输入第五天训练样例，样例为反例，得 S_5←{<sunny,warm,?,strong,?,?>}，G_5←{<sunny,warm,?,strong,?,?>}。可以看出，S_5 和 G_5 收敛到同一假设，因而最终得到的概念为{<sunny,warm,?,strong,?,?>}。

4.4.3 使用决策树对贷款申请样本进行决策

贷款申请

利用表 4-3 中的训练数据集 D，使用 ID3 算法建立决策树。

问题求解过程如下。

① 根据式（4-1）计算数据集 D 的信息熵 Ent(D)，其中，正例有 9 个，反例有 6 个，信息熵为：

表 4-3　贷款申请样本数据表

ID	年龄	有工作	有自己的房子	信贷情况	是否同意贷款申请
1	青年	否	否	一般	否
2	青年	否	否	好	否
3	青年	是	否	好	是
4	青年	是	是	一般	是
5	青年	否	否	一般	否
6	中年	否	否	一般	否
7	中年	否	否	好	否

续表

ID	年龄	有工作	有自己的房子	信贷情况	是否同意贷款申请
8	中年	是	是	好	是
9	中年	否	是	非常好	是
10	中年	否	是	非常好	是
11	老年	否	是	非常好	是
12	老年	否	是	好	是
13	老年	是	否	好	是
14	老年	是	否	非常好	是
15	老年	否	否	一般	否

$$\mathrm{Ent}(D)=-\frac{9}{15}\times\log_2\frac{9}{15}-\frac{6}{15}\times\log_2\frac{6}{15}=0.971$$

② 根据式（4-2）计算各属性对数据集 D 的信息增益。分别以 a_1、a_2、a_3、a_4 表示年龄、有工作、有自己的房子和信贷情况 4 个属性，第 1 个属性的信息增益为：

$$\mathrm{Gain}(D,a_1)=\mathrm{Ent}(D)-\left[\frac{5}{15}\times\mathrm{Ent}(D_1)+\frac{5}{15}\times\mathrm{Ent}(D_2)+\frac{5}{15}\times\mathrm{Ent}(D_3)\right]$$

$$=0.971-\left[\frac{5}{15}\left(-\frac{2}{5}\log_2\frac{2}{5}-\frac{3}{5}\log_2\frac{3}{5}\right)+\frac{5}{15}\left(-\frac{3}{5}\log_2\frac{3}{5}-\frac{2}{5}\log_2\frac{2}{5}\right)+\frac{5}{15}\left(-\frac{4}{5}\log_2\frac{4}{5}-\frac{1}{5}\log_2\frac{1}{5}\right)\right]$$
$$=0.971-0.888$$
$$=0.083$$

类似地，可以计算得到其他属性对数据集 D 的信息增益：

$\mathrm{Gain}(D,a_2)=0.324$

$\mathrm{Gain}(D,a_3)=0.420$

$\mathrm{Gain}(D,a_4)=0.363$

③ 比较各个属性的信息增益值。由于属性 a_3（有自己的房子）的信息增益值最大，所以选择属性 a_3 作为根节点。

④ 属性 a_3 将训练数据集 D 划分为两个子集 D_1（a_3 取值为“是”）和 D_2（a_3 取值为“否”）。此时，由于 D_1 中只有同一类的样本点，所以它成为一个叶节点，均为正例。

⑤ 对于子集 D_2，需要从除属性 a_3 之外的其他 3 个属性中选择新的属性，按照上面的方式继续划分。D_2 子集中正例有 3 个，反例有 6 个，其信息熵为：

$$\mathrm{Ent}(D_2)=-\frac{3}{9}\log_2\frac{3}{9}-\frac{6}{9}\log_2\frac{6}{9}=0.918$$

计算信息增益：

$$\mathrm{Gain}(D_2,a_1)=\mathrm{Ent}(D_2)-\frac{4}{9}\mathrm{Ent}(D_2^1)+\frac{2}{9}\mathrm{Ent}(D_2^2)+\frac{3}{9}\mathrm{Ent}(D_2^3)$$
$$=0.918-\left[\frac{4}{9}\left(-\frac{1}{4}\log_2\frac{1}{4}-\frac{3}{4}\log_2\frac{3}{4}\right)+\frac{2}{9}(0-\log_2 1)+\frac{3}{9}\left(-\frac{1}{3}\log_2\frac{1}{3}-\frac{2}{3}\log_2\frac{2}{3}\right)\right]$$
$$=0.918-0.667$$
$$=0.251$$

$\mathrm{Gain}(D_2, a_2) = 0.918$

$\mathrm{Gain}(D_2, a_4) = 0.474$

此时，属性 a_3 已经使用过，不再重复使用，而使用信息增益最大的属性 a_2（有工作）作为节点的属性。由于 a_2 有两个可能的取值，从这一节点引出的两个子节点：一个对应“是”（有工作），包含 3 个样本，它们属于同一类，所以这是一个叶节点，都为正例；另一个对应“否”（无工作），包含 6 个样本，它们也属于同一类，所以这也是一个叶节点，都为反例。

至此，我们只用了两个属性就生成了一个决策树，如图 4-2 所示。

用 Python 实现上述过程时，scikit-learn 提供了可应用于决策树的类 DecisionTreeClassifier。

```
from sklearn.tree import DecisionTreeClassifier
dt_model = DecisionTreeClassifier(criterion='entropy', min_samples_leaf=3)
dt_model.fit(feature_train, target_train)
predict_results = dt_model.predict(feature_test)
```

其中 DecisionTreeClassifier(criterion='entropy', min_samples_leaf=3)函数创建一个决策树模型，dt_model.fit(feature_train, target_train)采用训练样例生成了决策树模型，dt_model.predict(feature_test)则用生成的决策树模型对测试样例进行预测。

可采用 graphviz 绘制生成的决策树，如图 4-3 所示。

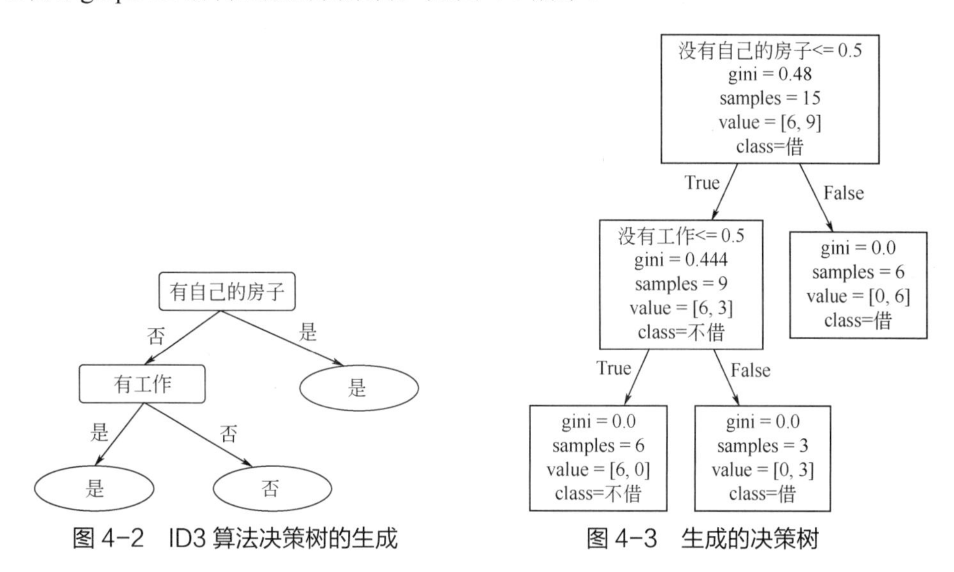

图 4-2　ID3 算法决策树的生成　　图 4-3　生成的决策树

4.4.4　使用决策树对鸢尾花数据集进行分类

Iris（鸢尾花）数据集是进行多变量分析中的一个典型数据集，可直接加载。数据集包含 150 行数据，分为 3 类，每类 50 行数据。每行数据包含 4 个属性：Sepal Length（花萼长度）、Sepal Width（花萼宽度）、Petal Length（花瓣长度）和 Petal Width（花瓣宽度）。可通过这 4 个属性预测鸢尾花卉属于三个种类（Setosa，Versicolour，Virginica）中的哪一类。样本数据局部如表 4-4 所示。

表 4-4 鸢尾花卉数据集

花萼长度	花萼宽度	花瓣长度	花瓣宽度	属种
5.1	3.5	1.4	0.2	Setosa
4.9	3.0	1.4	0.2	Setosa
4.7	3.2	1.3	0.2	Setosa
4.6	3.1	1.5	0.2	Setosa
5.0	3.6	1.4	0.2	Setosa
5.4	3.9	1.7	0.4	Setosa
4.6	3.4	1.4	0.3	Setosa
5.0	3.4	1.5	0.2	Setosa

在这个例子中，直接利用 scikit-learn 提供的方法导入该鸢尾花数据集。

```
from sklearn import datasets #导入方法类
iris = datasets.load_iris() #加载 iris 数据集
iris_feature = iris.data #特征数据
iris_target = iris.target #分类数据
```

scikit-learn 已经将花的原名称进行了转换，其中 0、1、2 分别代表 Iris Setosa, Iris Versicolour 和 Iris Virginica。但这些数据是按照鸢尾花类别的顺序排列的，如果直接划分为训练集和测试集的话，就会造成数据的分布不均。具体来说，直接划分容易造成某种类型的花在训练集中一次都未出现，训练的模型就永远不可能预测出这种花来。所以需要将这些数据打乱后再划分训练集和测试集。scikit-learn 提供了划分训练集和测试集的方法。

```
from sklearn.model_selection import train_test_split
feature_train, feature_test, target_train, target_test = 
train_test_split(iris_feature, iris_target, test_size=0.33, random_state=56)
```

其中，feature_train, feature_test, target_train, target_test 分别代表训练集特征、测试集特征、训练集目标值、测试集目标值。参数 test_size 代表划分到测试集中的数据占全部数据的百分比，也可以用 train_size 来指定训练集中数据所占全部数据的百分比。一般情况下，将整个训练集划分为 70% 训练集和 30% 测试集，最后的 random_state 参数表示乱序程度。

划分完训练集和测试集之后，就可以开始训练和预测了。首先是从 scikit-learn 中导入决策树分类器，然后用 fit 方法和 predict 方法对模型进行训练和预测。

```
from sklearn.tree import DecisionTreeClassifier
dt_model = DecisionTreeClassifier()  # 参数均置为默认状态
dt_model.fit(feature_train,target_train)  # 使用训练集训练模型
predict_results = dt_model.predict(feature_test) # 使用模型对测试集进行预测
```

鸢尾花决策树分类

将预测结果和测试集的真实值分别输出，对照比较。

```
print (predict_results)
print (target_test)
```

得到结果如下：

```
[2 1 2 2 2 2 2 0 0 2 1 0 0 0 2 0 0 0 2 1 0 2 1 1 0 2 2 1 1 1 2 2 2 0 0 0 2 
2 2 0 2 2 2 1 1 1 2 2 1 0]
[2 1 1 2 2 2 2 0 0 2 1 0 0 0 1 0 0 0 2 1 0 2 1 1 0 2 2 1 1 1 2 2 1 0 0 0 2 
2 2 0 1 2 2 1 1 1 2 2 1 0]
```

还可以通过 scikit-learn 中提供的评估计算方法查看预测结果的准确度。

```
from sklearn.metrics import accuracy_score
print (accuracy_score(predict_results, target_test))
```

得到预测结果的准确度为 0.92。

课后练习

一、正误题

1. 概念学习可以看作是一个搜索问题的过程。(　　)

2. Find-S 算法的缺点是无法确定是否找到了唯一合适的假设，并且容易受到噪声的影响。(　　)

3. 变形空间表示了目标概念所有合理的变形。(　　)

4. 候选消除算法无法输出与训练样例一致的所有假设集合。(　　)

5. 决策树分析法是通过决策树图形展示重要结局、明确思路，比较各种备选方案预期结果进行决策的方法。(　　)

6. 决策树只能进行单级决策。(　　)

二、选择题

1. 一个支持概念学习的算法不需要包括以下哪个部分（　　）。

A. 训练数据　　B. 目标概念　　C. 划分标准　　D. 实际数据对象

2. 使用 Find-S 算法，根据判断性别的表格（表 4-5），假设所有男性为正例，得到一般假设为（　　）。

A.<yes,?,?,low>

B.<yes,?,high,low>

C.<yes,short,?,low>

D.<yes,short,high,low>

表 4-5　判断性别表

Example	Beard	Hair	Height	Tone	M/F
1	yes	short	short	low	M
2	yes	short	high	low	M
3	no	long	short	high	F
4	yes	long	high	low	M

3. 下列关于候选消除算法，说法不正确的是（　　）。

A. 候选消除算法能够表示与训练样例一致的所有假设

B. 关于假设空间 H 和训练数据 D 的一般边界 G，是在 H 中与 D 相一致的最一般成员的集合

C. 关于假设空间 H 和训练数据 D 的特殊边界 S，是在 H 中与 D 相一致的最特殊成员的集合

D. 候选消除算法首先将 G 集合初始化为 H 中最特殊假设，将 S 集合初始化为 H 中最一般假设

4. 决策树的构成顺序是（　　）。

A. 特征选择、决策树生成、决策树剪枝

B. 决策树剪枝、特征选择、决策树生成

C. 决策树生成、决策树剪枝、特征选择

D. 特征选择、决策树剪枝、决策树生成

5. 决策树法是运用（　　）来分析和选择决策方案的一种系统分析方法。

A. 线形图　　B. 树状图　　C. 饼图　　D. 柱状图

三、编程题

1. 运用候选消除算法，根据表 4-6 中物品的大小、颜色、形状各属性，预测是否需要购买。

表 4-6　物品属性

Example	Size	Color	Shape	Purchase
1	big	red	circle	no
2	small	red	triangle	no
3	small	red	circle	yes
4	big	blue	circle	no
5	small	blue	circle	no

2. 运用决策树算法，根据表 4-7，判断动物是否为鱼类。其中 No surfacing 指不浮出水面能否生存，Flipper 指是否有脚。

表 4-7　动物数据表

Example	No surfacing	Flipper	Fish
1	yes	no	yes
2	yes	no	yes
3	yes	yes	no
4	no	no	no
5	no	no	no

参考答案

第 5 章

线性回归和分类

在统计学中，线性回归（linear regression）是利用线性回归方程对一个或多个自变量和因变量之间的关系进行建模的一种回归分析，即分析一个变量或多个变量与另外一个变量之间关系强弱的方法。所谓线性分类，就是通过特征的线性组合来做出分类决策。对象的特征通常描述为特征值，在向量空间中则是特征向量。

学习意义

学习线性回归的目的是预测趋势、找到规律，或者说是为数据找一个合适的表达式来表达某一个趋势。通常使用曲线来拟合数据点，目标是使曲线到数据点的距离差异最小。

学习目标

- 了解线性回归、线性分类和逻辑回归的基本概念；
- 掌握线性模型，熟悉正则化方法并且根据实际问题建立相关数学模型，选择解决方案；
- 能够使用简单的编程配合学习相关求解方法，解决实际问题。

5.1 线性回归

线性模型作为最简单的参数化方法，始终值得关注。这是因为很多问题，即使本质上是非线性的问题，也可以采用线性模型得到解决。回归是一种对连续型数据的预测，其应用广泛。因此，了解线性模型如何拟合数据、线性模型的优缺点以及何时选择替代方案是很重要的。

5.1.1 线性模型

考虑一个实数向量集：

$$X=\{\boldsymbol{x}_1,\boldsymbol{x}_2,\cdots,\boldsymbol{x}_n\},\boldsymbol{x}_i\in\mathbf{R}^m \tag{5-1}$$

每个输入向量与一个实数值 y_i 相关联：

$$Y=\{y_1,y_2,\cdots,y_n\},\quad y_i\in\mathbf{R} \tag{5-2}$$

线性模型的假设是可以通过如下回归过程得到近似输出值：

$$\tilde{y} = \alpha_0 + \sum_{j=1}^{m} \alpha_j \boldsymbol{x}_j \tag{5-3}$$

强假设是数据集和所有其他未知点均位于由超平面和依赖于单个点的随机噪声共同确定的空间中。在许多情况下，当噪声是同方差时，协方差矩阵是$\boldsymbol{\Sigma} = \sigma^2 \boldsymbol{I}$，噪声对所有特征具有相同的影响。而当噪声是异方差时，就不可能简化$\boldsymbol{\Sigma}$的表达式。

线性回归方法基于线、平面或超平面，当数据集明显为非线性时，必须考虑其他模型（例如多项式回归、神经网络或支持向量机）。

当在平面上求解时，寻找的回归量只是两个参数（截距和唯一的斜率）的函数，其中附加的随机正常噪声项与每个数据点$\boldsymbol{x}_i$相关联：

$$\tilde{y}_i = \alpha + \beta x_i + \eta_i \tag{5-4}$$

式中，所有η_i都是独立同分布（iid）的变量。为了拟合模型，需要找到最适合的参数。为做到这一点，通常选择普通最小二乘法。其中，需要最小化的损失函数为：

$$L = \frac{1}{2}\sum_{i=1}^{n} \|\tilde{y}_i - y_i\|_2^2 = \frac{1}{2}\sum_{i=1}^{n} (\alpha + \beta x_i - y_i)^2 \tag{5-5}$$

为了找到全局最小值，需要有如下条件：

$$\begin{cases} \dfrac{\partial L}{\partial \alpha} = \displaystyle\sum_{i=1}^{n} (\alpha + \beta x_i - y_i) = 0 \\ \dfrac{\partial L}{\partial \beta} = \displaystyle\sum_{i=1}^{n} (\alpha + \beta x_i - y_i) x_i = 0 \end{cases} \tag{5-6}$$

这个问题可以得到解析解。首先通过添加一个等于1的额外特征来消除截距：

$$\boldsymbol{x} \Rightarrow (\boldsymbol{x}^{\mathrm{T}}, 1)^{\mathrm{T}},\ \boldsymbol{X} = (\boldsymbol{x}_1^{\mathrm{T}}, \boldsymbol{x}_2^{\mathrm{T}}, \cdots, \boldsymbol{x}_n^{\mathrm{T}})^{\mathrm{T}},\ \boldsymbol{X} \in \mathbf{R}^{n \times m} \tag{5-7}$$

此时，问题可以使用以矢量符号表示的系数向量$\boldsymbol{\theta}$：

$$\tilde{y}_i = \boldsymbol{x}_i^{\mathrm{T}} \boldsymbol{\theta} + \eta_i \tag{5-8}$$

在二维情况下$\boldsymbol{\theta} = (\beta, \alpha)$，其中截距对应于最后一个值。假设噪声是同方差为$\sigma^2$的分布（即$\boldsymbol{\eta} \sim N(0, \sigma^2 I)$），则损失函数可以按如下方式重写：

$$L = (\boldsymbol{Y} - \boldsymbol{X}\boldsymbol{\theta})^{\mathrm{T}} \cdot (\boldsymbol{Y} - \boldsymbol{X}\boldsymbol{\theta}) \Rightarrow \nabla L = -2\boldsymbol{X}^{\mathrm{T}} \cdot (\boldsymbol{Y} - \boldsymbol{X}\boldsymbol{\theta}) \tag{5-9}$$

如果矩阵$\boldsymbol{X}^{\mathrm{T}}\boldsymbol{X}$满秩[即$\det(\boldsymbol{X}^{\mathrm{T}}\boldsymbol{X}) \neq 0$]，则很容易使用 Moore-Penrose 伪逆找到$\nabla L = 0$的解：

$$\boldsymbol{\theta}_{\mathrm{opt}} = (\boldsymbol{X}^{\mathrm{T}}\boldsymbol{X})^{-1} \boldsymbol{X}^{\mathrm{T}} \boldsymbol{Y} \tag{5-10}$$

根据 Gauss-Markov 定理，这是最佳线性无偏估计，这意味着没有其他解决方案具有更小的系数方差。

考虑n个样本和n个独立同分布的噪声项，给定样本集$\boldsymbol{X}$、参数向量$\boldsymbol{\theta}_{\mathrm{opt}}$和噪声方差$\sigma^2$，输出$\boldsymbol{Y}$的概率密度函数为：

$$p(\boldsymbol{Y} \mid \boldsymbol{X}; \boldsymbol{\theta}, \sigma^2) \propto \frac{1}{\sigma^m} \mathrm{e}^{-\frac{(\boldsymbol{Y} - \boldsymbol{X}\boldsymbol{\theta}_{\mathrm{opt}})^{\mathrm{T}} \cdot (\boldsymbol{Y} - \boldsymbol{X}\boldsymbol{\theta}_{\mathrm{opt}})}{2\sigma^2}} \tag{5-11}$$

这意味着，一旦模型已经训练并且已经找到$\boldsymbol{\theta}_{\text{opt}}$，我们期望所有样本具有以回归超平面为中心的高斯分布。在异方差噪声的一般情况下，可以将噪声协方差矩阵表示为$\boldsymbol{\Sigma}=\sigma^2\boldsymbol{C}$，其中$\boldsymbol{C}$是可逆方阵，其值通常在 0 和 1 之间。这不是一个限制条件，因为如果选择σ^2作为最大方差，元素 C_{ij} 成为参数特征θ_i和θ_j之间协方差的权重，即在对角线上存在所有特征的方差。

损失函数略有不同，因为必须考虑噪声对单个特征的不同影响：

$$L=(\boldsymbol{Y}-\boldsymbol{X\theta})^{\text{T}}\cdot\boldsymbol{C}^{-1}\cdot(\boldsymbol{Y}-\boldsymbol{X\theta}) \tag{5-12}$$

很容易计算梯度并导出参数的表达式，类似于在前一种情况下获得的表达式：

$$\boldsymbol{\theta}_{\text{opt}}=(\boldsymbol{X}^{\text{T}}\boldsymbol{C}^{-1}\boldsymbol{X})^{-1}\boldsymbol{X}^{\text{T}}\boldsymbol{C}^{-1}Y \tag{5-13}$$

对基于平方误差最小化的一般线性回归问题，可以证明新样本$\boldsymbol{x}_j$的最佳预测（具有最小方差）对应于：

$$\tilde{y}_j=E[\tilde{\boldsymbol{y}}\mid\boldsymbol{x}=\boldsymbol{x}_j]=\boldsymbol{x}_j^{\text{T}}\boldsymbol{\theta}_{\text{opt}}+E[\eta_j]=\boldsymbol{x}_j^{\text{T}}\boldsymbol{\theta}_{\text{opt}} \tag{5-14}$$

最优回归器将始终预测因输入$\boldsymbol{x}_j$而调节的因变量$\boldsymbol{y}$的期望值。

5.1.2 多项式回归

多项式回归是一种充满技巧的回归技术。通过这种技术，即使数据集具有强的非线性，仍然可以使用线性模型。其思路是添加一些从现有变量衍生出的变量，将其用于多项式组合中：

$$\tilde{\boldsymbol{y}}=a_0+\sum_{i=1}^{m}a_i\boldsymbol{x}_i+\sum_{j=m+1}^{k}a_j f_{pj}(\boldsymbol{x}_1,\boldsymbol{x}_2,\cdots,\boldsymbol{x}_m) \tag{5-15}$$

式中，f_{pj}是一个多项式函数。例如，某问题包含两个变量，可以通过将初始变量（其维度等于m）转换为具有较高维度（维数为$k>m$）的变量，来扩展成完整的二阶问题：

$$\boldsymbol{x}=(x_1,x_2)\Rightarrow\boldsymbol{x}_t\Rightarrow(x_1,x_2,{x_1}^2,{x_2}^2,x_1x_2) \tag{5-16}$$

在这种情况下，该模型既保持了外部的线性，又可以捕获内部的非线性。

5.1.3 正则化方法

在现实生活中，使用的数据集中不可避免地包含有异常值、相互依赖的特征以及对噪声不同敏感度的数据。处理这类数据时，一般会用到正则化方法。常用的正则化方法有岭(Ridge)回归、Lasso 回归和 ElasticNet。

5.1.3.1 岭回归

岭回归在普通最小二乘法的损失函数中增加了额外的缩减惩罚项，以限制其L_2范数的平方项：

$$L(\boldsymbol{\theta})=\|\boldsymbol{Y}-\boldsymbol{X\theta}\|_2^2+a\|\boldsymbol{\theta}\|_2^2 \tag{5-17}$$

在这种情况下，$\boldsymbol{X}$是将所有样本作为列向量的矩阵，$\boldsymbol{\theta}$表示权重向量，附加项强化了损失函数从而不允许$\boldsymbol{\theta}$无限增加，而$\boldsymbol{\theta}$的无限增加很可能是由多重共线性或病态矩阵引起的。其中系数a较大时意味着更强的正则化，一般取值较小。

将损失函数最小化得到与标准线性回归公式略有不同的版本：

$$\boldsymbol{\theta}_{\text{opt}} = (\boldsymbol{X}^{\text{T}}\boldsymbol{X} + a\boldsymbol{I}_m)^{-1}\boldsymbol{X}^{\text{T}}\boldsymbol{X} \tag{5-18}$$

正确选择a使得$\det(\boldsymbol{X}^{\text{T}}\boldsymbol{X} + a\boldsymbol{I}_m) \neq 0$，找到以上式子的解。通常，当数据集包含线性相关特征时，额外的惩罚项起作用，因为此时矩阵$\boldsymbol{X}^{\text{T}}\boldsymbol{X}$可能是病态的，对求逆非常敏感，从而使得系数方差变得非常高。对其增长施加约束可确保更稳定的解和更高的噪声稳健性。

5.1.3.2　Lasso 回归

Lasso 回归加入$\boldsymbol{\theta}$的L_1范数作为惩罚项，以确定系数中有数目较多的零值项：

$$L(\boldsymbol{\theta}) = \|\boldsymbol{Y} - \boldsymbol{X}\boldsymbol{\theta}\|_2^2 + a\|\boldsymbol{\theta}\|_1 \tag{5-19}$$

更多的零值项保证了回归的稀疏性，稀疏性也是惩罚项的结果。Lasso 约束也会产生收缩，但动态特性与岭回归略有不同。当使用L_1范数时，根据θ_i的符号，关于系数计算的偏导数可以为+1 或−1，但由于系数的大小与最小化目标无关，约束会迫使最小分量以更高的速度向零移动。相反，L_2范数的导数与参数的大小成比例，并且对于小的值，其效果会降低。这就是为什么 Lasso 回归通常用于通过隐式特征选择来诱导稀疏性。当特征数量很大时，Lasso 回归选择一个子集，丢弃其他特征（即设置$\theta_i \approx 0$），这些特征在未来的预测中不予考虑。

5.1.3.3　ElasticNet

还有一个选择是使用 ElasticNet，它将 Lasso 回归和岭回归组合成一个具有两种惩罚因素的单一模型：一个与L_1范数成比例，另一个与L_2范数成比例。使用这种方式，所得到的模型将像纯粹的 Lasso 回归一样稀疏，但同时又具有岭回归提供的正则化能力。它的损失函数是：

$$L = \|\boldsymbol{Y} - \boldsymbol{X}\boldsymbol{\theta}\|_2^2 + ab\|\boldsymbol{\theta}\|_1 + \frac{a(1-b)}{2}\|\boldsymbol{\theta}\|_2^2 \tag{5-20}$$

ElasticNet 的主要特点是避免了相关特征的选择性排除，这要归功于L_1和L_2范数的平衡作用。

5.2 线性分类

分类问题的本质是找到一个最优超平面，以便将两个类别的数据分开。多类问题可以采用一对多的策略转化为二分类问题，所以当前的讨论集中在二分类问题上。假设有以下数据集：

$$\boldsymbol{X} = \{\boldsymbol{x}_1, \boldsymbol{x}_2, \cdots, \boldsymbol{x}_n\}\ , \boldsymbol{x}_i\ \in \mathbf{R}^m \tag{5-21}$$

此数据集与以下目标集关联：

$$\boldsymbol{Y} = \{y_1, y_2, \cdots, y_n\},\ y_i \in \{0,1\}\ \text{或}\ y_i \in \{-1,1\} \tag{5-22}$$

对应于不同的算法，输出可以有两个等效的选项：二进制和双极性，但两者之间没有实质性差异。通常，该选择是为了简化计算，对结果没有影响。

定义一个由m个连续分量构成的权重向量：

$$W = (w_1, w_2, \cdots, w_m)^{\mathrm{T}}, w_i \in \mathbf{R} \tag{5-23}$$

同时定义 z 为：

$$z = \boldsymbol{x} \cdot w = \sum_i w_i x_i, \forall x \in \mathbf{R}^m \tag{5-24}$$

如果 $\boldsymbol{x}$ 是变量，则 z 是由超平面方程确定的值。因此，如果已经确定系数 W 的集合是正确的，则有：

$$\operatorname{sign}(z) = \begin{cases} +1, & x \in \text{Class 1} \\ -1, & x \in \text{Class 2} \end{cases} \tag{5-25}$$

使用二进制输出时，通常根据阈值做出决定。例如，如果输出 $z \in (0,1)$，则先前的条件变为：

$$z = \begin{cases} 1, z \geqslant 0.5 \\ 0, z < 0.5 \end{cases} \tag{5-26}$$

现在我们必须找到一种优化 W 的方法以减少分类误差。如果存在这种组合（具有一定的误差阈值），这种问题就是线性可分的。另一方面，当不可能找到一个线性分类器时，这个问题被称为线性不可分的。

最常用的线性分类算法是逻辑回归，虽然逻辑回归被称为回归，但它实际上是一种基于概率来判断样本属于哪一类的分类方法。由于概率是实数域（0,1）范围中的连续量，所以有必要引入阈值函数来过滤项 z 。正如线性回归中一样，可以通过在每个输入向量的末尾添加 1 个元素来消除对应于截距的额外参数：

$$\boldsymbol{x}_i \Rightarrow (\boldsymbol{x}_i^{\mathrm{T}}, 1)^{\mathrm{T}} \tag{5-27}$$

通过这种方式,我们可以考虑包含 $m+1$ 个元素的单个参数向量 $\boldsymbol{\theta}$,并使用点积计算 z 值：

$$z_i = \boldsymbol{\theta}^{\mathrm{T}} \cdot \boldsymbol{x}_i \tag{5-28}$$

现在，假设样本属于类 1 的概率为 $p(\boldsymbol{x}_i)$。显然，样本属于类 0 的概率为 $1 - p(\boldsymbol{x}_i)$。逻辑回归的思想是使用指数函数建立样本属于类 1 的模型：

$$\text{odds} = \frac{p(\boldsymbol{x}_i)}{1 - p(\boldsymbol{x}_i)} = \mathrm{e}^{\boldsymbol{\theta}^{\mathrm{T}} \cdot \boldsymbol{x}_i} = \mathrm{e}^{z_i} \tag{5-29}$$

该函数在 $\mathbf{R}$ 上是连续和可微的，且总为正。这些条件对于模型是必要的，因为当 $p \to 0$ 时，$\text{odds} \to 0$ ，但是当 $p \to 1$ 时，$\text{odds} \to \infty$ 。如果取对数（自然对数），得到 z_i 结构的表达式：

$$z_i = \ln\left[\frac{p(\boldsymbol{x}_i)}{1 - p(\boldsymbol{x}_i)}\right] \tag{5-30}$$

在实数域 $\mathbf{R}$ 上并且范围在 0 和 1 之间且满足前面的表达式的函数是 sigmoid 函数：

$$p(\boldsymbol{x}_i) = \sigma(\boldsymbol{x}_i) = \frac{1}{1 + \mathrm{e}^{-z_i}} \tag{5-31}$$

使用 sigmoid 函数对概率分布建模，得到以下结果：

$$\ln\left[\frac{p(\boldsymbol{x}_i)}{1 - p(\boldsymbol{x}_i)}\right] = \ln\left(\frac{\frac{1}{1 + \mathrm{e}^{-z_i}}}{1 - \frac{1}{1 + \mathrm{e}^{-z_i}}}\right) = \ln\left(\frac{1}{\mathrm{e}^{-z_i}}\right) = z_i \tag{5-32}$$

因此，可以定义属于类的样本的概率（将其称为 0 和 1）如下所示：

$$p(\boldsymbol{y} \mid \boldsymbol{x}_i) = \sigma(\boldsymbol{x}_i, \boldsymbol{\theta}) \tag{5-33}$$

此时，找到最佳参数相当于在给定目标输出类的情况下最大化对数似然：

$$L(\boldsymbol{\theta}; \boldsymbol{Y}, \boldsymbol{X}) = \ln \prod_i p(y_i \mid \boldsymbol{x}_i; \boldsymbol{\theta}) = \sum_i \ln p(y_i \mid \boldsymbol{x}_i; \boldsymbol{\theta}) \tag{5-34}$$

每个事件都基于伯努利分布，因此表示为损失函数最小化的优化问题：

$$L = -\sum_i \ln p(y_i \mid \boldsymbol{x}_i; \boldsymbol{\theta}) = -\sum_i \{y_i \ln \sigma(z_i) + (1 - y_i) \ln[1 - \sigma(z_i)]\} \tag{5-35}$$

当 $y_i = 0$，则第一项为 0，第二项为 $\ln[1 - \sigma(z_i)]$，这是类为 0 时的概率的对数；当 $y_i = 1$，则第二项为 0，第一项代表类为 1 时的概率的对数。以这种方式，这两种情况可以嵌入单个表达式中，并可通过计算对参数的梯度 ∇L 并将其设置为 0 来实现最优化。

在信息论中，它意味着最小化目标分布和近似分布之间的交叉熵：

$$H(p, q) = -\sum_{\boldsymbol{x} \in \boldsymbol{X}} p(\boldsymbol{x}) \log q(\boldsymbol{x}) \tag{5-36}$$

特别地，如果采用 $\log_2$，则函数表示编码概率分布所需要的额外比特数。很明显，当 $H(p \cdot q) = 0$ 时，两个分布相等。因此，当目标分布是分类时，最小化交叉熵是优化预测误差的好方法。

5.3 编程实践

5.3.1 使用线性回归预测波士顿房价

波士顿房价数据集是 20 世纪 70 年代中期波士顿郊区房价的中位数，统计了当时社区部分的犯罪率、房产税等共计 13 个指标，并统计出了对应的房价。本例的目的是找到 13 个指标与房价的关系。

直接调取 Boston 数据集，在数据集中包含 506 组数据：

```
from sklearn.datasets import load_boston
boston = load_boston()
boston.data.shape
boston.target.shape
```

结果为：

```
(506L, 13L)
(506L,)
```

由于数据具有不同尺度，并可能存在异常值，因此最好在建立模型之前进行数据的归一化。此外，为了便于模型测试，需要将原始数据集分为训练集（数据集的 90%）和测试集（数据集的 10%）：

```
from sklearn.linear_model import LinearRegression
from sklearn.model_selection import train_test_split

X_train, X_test, Y_train, Y_test = train_test_split(boston.data,
boston.target, test_size=0.1)

lr = LinearRegression(normalize=True)
lr.fit(X_train, Y_train)
```

为检查回归函数的准确性，scikit-learn 提供了内部方法 score(X,y)，通过测试数据来评估模型：

```
lr.score(X_test, Y_test)
输出为：0.77371996006718879
```

由上可见，整体准确度约为 77%。考虑到原始数据集的非线性，这是一个可以接受的结果。但是，该结果也可能受到 train_test_split 的影响。实际上，即使在整体精度不可接受时，测试集也可能包含准确预测的样本点。因此，最好不要过于信任该指标。可采用 *K* 折交叉验证进一步得到更合适的参数，即将数据集等比例划分成 *K* 份，每次实验取其中 1 份作为测试数据，其他 *K*–1 份作为训练数据，重复 *K* 次后，取模型准确率为 *K* 次的平均，选择性能最好的模型作为最终的模型。

```
lr = LinearRegression(normalize=True)
lr_scores = cross_val_score(lr, boston.data, boston.target, cv=10)
print('Linear regression CV average score: %.6f' % lr_scores.mean())
```

结果为：

```
Linear regression CV average score: 0.202529
```

接下来，用岭回归方法来进行回归：

```
rg = Ridge(0.05, normalize=True)
rg_scores = cross_val_score(rg, boston.data, boston.target, cv=10)
print('Ridge regression CV average score: %.6f' % rg_scores.mean())
```

结果为：

```
Ridge regression CV average score: 0.289305
```

为找到岭回归中最优的 alpha 值（岭系数），scikit-learn 提供了类 RidgeCV，它可以自动执行网格搜索（使用一组值并返回最佳估计）：

```
rgcv = RidgeCV(alphas=(1.0, 0.1, 0.01, 0.001, 0.005, 0.0025, 0.001, 0.00025),
normalize=True)
rgcv.fit(boston.data, boston.target)
print('Ridge optimal alpha: %.3f' % rgcv.alpha_)
```

结果为：

```
Ridge optimal alpha: 0.010
```

在以下程序中，使用 Boston 数据集来拟合 Lasso 模型：

```
from sklearn.linear_model import Lasso
ls = Lasso(alpha=0.01, normalize=True)
ls_scores = cross_val_score(ls, boston.data, boston.target, cv=10)
print(ls_scores.mean())
```

结果为：

```
0.270937
```

对于 Lasso 回归来说，可以通过网格搜索以获得最佳的 alpha 参数。在这种情况下，可以使用 LassoCV 类，其内部机制与前面的岭回归类似。Lasso 回归还可以通过使用 scipy.sparse 类生成的稀疏数据得到高效率执行，从而允许训练更大的模型，而不需要仅使用部分拟合。

```
from scipy import sparse
ls = Lasso(alpha=0.001, normalize=True)
ls.fit(sparse.coo_matrix(diabetes.data), diabetes.target)
Lasso(alpha=0.001, copy_X=True, fit_intercept=True, max_iter=1000,
normalize=True, positive=False, precompute=False, random_state=None,
selection='cyclic', tol=0.0001, warm_start=False)
```

在下面的代码中，同时使用了 ElasticNet 和 ElasticNetCV 类：

```
from sklearn.linear_model import ElasticNet, ElasticNetCV
en = ElasticNet(alpha=0.001, l1_ratio=0.8, normalize=True)
en_scores = cross_val_score(en, diabetes.data, diabetes.target, cv=10)
print(en_scores.mean())
```

结果为：

```
0.46358858847836454
```

```
encv = ElasticNetCV(alphas=(0.1, 0.01, 0.005, 0.0025, 0.001), l1_ratio=(0.1,
0.25, 0.5, 0.75, 0.8), normalize=True)
encv.fit(dia.data, dia.target)
ElasticNetCV(alphas=(0.1, 0.01, 0.005, 0.0025, 0.001), copy_X=True, cv=None,
eps=0.001, fit_intercept=True, l1_ratio=(0.1, 0.25, 0.5, 0.75, 0.8),
max_iter=1000, n_alphas=100, n_jobs=1, normalize=True, positive=False,
precompute='auto', random_state=None, selection='cyclic', tol=0.0001, verbose=0)
```

结果为：

```
print(encv.alpha_)
0.001
print(encv.l1_ratio_)
0.75
```

使用线性回归预测波士顿房价

正如预期的那样，ElasticNet 的性能优于岭回归和 Lasso 回归，因为它结合了前者的收缩效果和后者的特征选择。但是，由于两个惩罚项的相互作用预测起来比较复杂，建议使用大范围的参数进行网格搜索。必要时，可以通过放大包含先前选择的参数的范围来重复该过程，以便找出性能最佳的组合。

5.3.2 使用逻辑回归分类仿真数据

使用 scikit-learn 预置的 make_classification 来创建用于分类的仿真数据集，数据集由 500 个样本组成。

```
from sklearn.datasets import make_classification
np.random.seed(1000)
nb_samples = 500
```

```
X, Y = make_classification(n_samples=nb_samples, n_features=2,
n_informative=2, n_redundant=0, n_clusters_per_class=1)
```

用 scikit-learn 中的 LogisticRegression 类进行逻辑回归。同样，为了测试分类的准确性，首先将数据集分成训练和测试集：

```
from sklearn.model_selection import train_test_split
X_train, X_test, Y_train, Y_test = train_test_split(X, Y, test_size=0.25)
```

使用默认参数训练模型：

```
from sklearn.linear_model import LogisticRegression
lr = LogisticRegression()
lr.fit(X_train, Y_train)
LogisticRegression(C=1.0, class_weight=None, dual=False,
fit_intercept=True,
intercept_scaling=1, max_iter=100, multi_class='ovr', n_jobs=1, penalty='l2',
random_state=None, solver='liblinear', tol=0.0001, verbose=0, warm_start=False)
print(lr.score(X_test, Y_test))
结果为：0.95199999999999996
```

还可以通过交叉验证来验证分类的效果：

```
from sklearn.model_selection import cross_val_score
cross_val_score(lr, X, Y, scoring='accuracy', cv=10)
array([ 0.96078431,    0.92156863,   0.96   ,     0.98    ,   0.96    ,
0.98      ,      0.96   ,      0.96    ,      0.91836735,   0.97959184])
```

检查生成的超平面参数：

```
print(lr.intercept_)
结果为：array([-0.64154943])

print(lr.coef_)
结果为：array([[ 0.34417875, 3.89362924]])
```

画图来看下分类的效果。图 5-1 中，有一个超平面（一条直线），可以看到分类的工作原理以及哪些样本被错误分类。考虑到两个分类的局部聚集程度，很容易看出错误分类发生在异常值和某些边界样本上。后者可以通过调整超参数来控制，因为经常需要这种权衡。例如，

图 5-1　分类结果图

使用逻辑回归分类仿真数据

如果我们要在分隔线上包含四个正确的点，这可能会排除右侧的一些点。当线性分类器可以很容易地得到分割超平面（即使有几个异常值），可以认为问题是线性可分的，否则必须考虑更复杂的非线性技术。

课后练习

一、正误题

1. 线性回归方法可以适应弥散高的数据集。(　　)

2. 逻辑回归实际上是一种基于概率来判断样本属于哪一类的分类方法。(　　)

3. 使用 ElasticNet 方式，所得到的模型将像纯粹的 Lasso 回归一样稀疏，但同时具有岭回归提供的正则化能力。(　　)

4. 回归问题和分类问题都有可能发生过拟合。(　　)

5. 给定 n 个数据点，如果其中一半用于训练，另一半用于测试，则训练误差和测试误差之间的差别会随着 n 的增加而减小。(　　)

二、选择题

1. Lasso 回归加入 w 的（　　）范数作为惩罚项，以确定系数中数目较多的无效项。

A. L_1　　B. L_2　　C. L_3

2. 向量 x=[1,2,3,4,−9,0]的 L_1 范数是多少？（　　）

A. 1　　B. 19　　C. 6　　D. sqrt(111)

3. 关于 L_1 正则和 L_2 正则，下面说法正确的是（　　）。

A. L_2 范数可以防止过拟合，提升模型的泛化能力，但 L_1 做不到这点

B. L_2 正则化标识各个参数的平方和的开方值

C. L_2 正则化又叫“Lasso regularization”

D. L_1 范数会使权值稀疏

4. 使用带有 L_1 正则化的 logistic 回归做二分类，其中 C 是正则化参数，w_1 和 w_2 是 x_1 和 x_2 的系数。当你把 C 值从 0 增加至非常大的值时，下面哪个选项是正确的？（　　）

A. 第一个 w_2 成了 0，接着 w_1 也成了 0

B. 第一个 w_1 成了 0，接着 w_2 也成了 0

C. w_1 和 w_2 同时成了 0

D. 即使在 C 成为大值之后，w_1 和 w_2 都不能成为 0

三、编程题

1. 根据在线广告投入费用（见表 5-1）预测每月电子商务销售量。

表 5-1　课后练习题表

在线广告费用/万元	每月电子商务销售量/万元
1.7	368
1.5	340
1.3	376

续表

在线广告费用/万元	每月电子商务销售量/万元
5	954
1.3	331
2.2	556
2.8	?

2. 使用 Logistic 回归来预测患有疝病的马的存活问题。

病马训练数据

课后练习参考答案

第6章

统计学习方法

与归纳学习不同，统计学习从一些观测（训练）样本出发，试图得到一些不能通过原理进行分析得到的规律，并利用这些规律来分析客观对象，从而可以利用规律对未来的数据进行预测。在统计学习中，最直接的应用是采用贝叶斯理论进行统计学习，而后发展起来的支持向量机是统计学习最重要的一套机器学习理论。

统计学习主要是研究以下三个问题。

① 学习的统计性能：通过有限样本能否学习得到其中的一些规律？

② 学习算法的收敛性：学习过程是否收敛？收敛的速度如何？

③ 学习过程的复杂性：学习器的复杂性、样本的复杂性、计算的复杂性如何？

学习意义

以统计学的基本理论为基础，学会采用统计学习方法解决机器学习问题。

学习目标

- 用朴素贝叶斯方法解决具体问题；
- 对于小样本数据能够合理地采用支持向量机实现问题的解决。

6.1 贝叶斯方法

贝叶斯方法是机器学习的核心算法之一，在诸如拼写检查、语言翻译、海难搜救、生物医药、疾病诊断、邮件过滤、文本分类、侦破案件、工业生产等诸多方面都有很广泛的应用，它也是很多机器学习算法的基础。贝叶斯方法不仅能够分类而且能够给出分类的概率，而其他机器学习算法很难量化分类的置信度。

贝叶斯方法思想的核心是不同模型的求解就是计算不同的后验概率，对于连续的猜测空间是计算概率密度函数，模型比较如果不考虑先验概率则运用最大似然估计。

贝叶斯方法中的重要概念如下。

① 后验概率：事件已经发生，求某种因素导致该事件发生的概率。

② 先验概率：根据以往的经验和分析获得的概率。

③ 最大似然估计：利用已知的样本结果信息，反推最具有可能(最大概率)导致这些样本结果出现的模型参数值。

6.1.1 贝叶斯定理

考虑两个概率事件 A 和 B，使用乘法规则可以将边缘概率 $P(A)$ 和 $P(B)$ 与条件概率 $P(A|B)$ 和 $P(B|A)$ 相关联：

$$\begin{cases} P(A \cap B) = P(A|B)P(B) \\ P(B \cap A) = P(B|A)P(A) \end{cases} \tag{6-1}$$

考虑到乘法项可交换，等式的左边是相等的，因而可以得到贝叶斯定理：

$$P(A|B) = \frac{P(B|A)P(A)}{P(B)} \tag{6-2}$$

在离散情况下，考虑随机变量 A 的所有可能，可将式（6-2）重新表示为：

$$P(A|B) = \frac{P(B|A)P(A)}{\sum_i P(B|A_i)P(A_i)} \tag{6-3}$$

由于分母是作为归一化因子，该式可表示为比例关系：

$$P(A|B) \propto P(B|A)P(A) \tag{6-4}$$

式中，边缘概率 $P(A)$ 是确定目标事件有多大可能的值，而由于没有其他因素的影响，也被称为先验概率； $P(B|A)$ 是给定条件 A 之后估计的概率，被称为后验概率。

归一化因子用希腊字母 α 表示，式（6-3）变为：

$$P(A|B) = \alpha P(B|A)P(A) \tag{6-5}$$

现实中，条件可能不止一个，而是更多并发条件的情况，即联合先验概率：

$$P(A|C_1 \cap C_2 \cap \cdots \cap C_n) \tag{6-6}$$

当考虑联合先验概率时，式（6-5）变为：

$$P(A|C_1 \cap C_2 \cap \cdots \cap C_n) = \alpha P(C_1 \cap C_2 \cdots \cap C_n | A)P(A) \tag{6-7}$$

很明显，用以上形式考虑联合先验概率使问题变得更为复杂。一个通用的假设是条件独立假设，即当这些原因导致相同的结果时，各假设之间彼此互相独立，式（6-7）变为：

$$P(A|C_1 \cap C_2 \cap \cdots \cap C_n) = \alpha P(C_1|A)P(C_2|A) \cdots P(C_n|A)P(A) \tag{6-8}$$

6.1.2 朴素贝叶斯分类器

朴素贝叶斯分类器是因为该分类器基于一个朴素的条件，即各原因（特征）的条件性独立。在特征出现的概率与其他特征相关的很多情况下，该条件看起来很难成立。在现实生活中，很多情况下特征出现的概率与其他特征是相关的，然而即使朴素贝叶斯分类器的朴素性不成立，依然能够表现出很好的性能。

考虑一个数据集：

$$\boldsymbol{X}=\{\boldsymbol{x}_1,\boldsymbol{x}_2,\cdots,\boldsymbol{x}_n\},\boldsymbol{x}_i\in\mathbf{R}^m \tag{6-9}$$

新的待分类项 $\boldsymbol{x}$ 可表示为

$$\boldsymbol{x}=(a_1,a_2,\cdots,a_m) \tag{6-10}$$

其中 a_i 为 $\boldsymbol{x}$ 的一个特征向量的值。

含有 p 个可能类别的目标数据集为：

$$Y=\{y_1, y_2, \cdots, y_n\}，y_i\in(0, 1, 2, \cdots, p-1)，\text{类别集合 } C=\{c_1, c_2, \cdots, c_p\} \tag{6-11}$$

此时，每个 y 可以属于 p 个不同类别中的一类。根据条件独立下的贝叶斯定理，有：

$$P(y_i\mid x_i^{(1)},x_i^{(2)},\cdots,x_i^{(m)}=\alpha P(y_i)\prod_j P(x_i^{(j)}\mid y_i) \tag{6-12}$$

$$P(c_K\mid x)=\alpha P(c_K)\prod_{c=1}^{m} P(a_i\mid c_K)$$

通过频率计数获得先验概率 $P(\boldsymbol{y_i})$ 和条件概率 $P(a_i|c_K)$的值，在给定输入向量 $\boldsymbol{x}$ 的情况下，预测类是后验概率最大的类。在许多实现的方法中，也可以为每个类 $P(c_K)$指定先验，而在给定似然函数的情况下训练以优化后验分布。

根据如何计算条件概率 $P(a_i|c_K)$，朴素贝叶斯又可分为伯努利朴素贝叶斯、多项式朴素贝叶斯和高斯朴素贝叶斯。

6.1.2.1　伯努利朴素贝叶斯

如果 x 是随机变量并且服从伯努利分布，假设其取值为 0 和 1，概率为：

$$P(x)=\begin{cases}p, & x=1\\ q, & x=0\end{cases} \tag{6-13}$$

式中，$q=1-p$，$0<p<1$。

当输入 $\boldsymbol{x}$ 是多维向量，其服从多维伯努利分布，假设每个特征是二元且相互独立。当 X 有 n 个样本具有 m 个特征，则第 i 个特征的概率是：

$$p_i=\frac{N_{x^{(i)}=1}}{n} \tag{6-14}$$

式中，$N_{x^{(i)}=1}$ 是计算 $x^{(i)}=1$ 的次数。

6.1.2.2　多项式朴素贝叶斯

多项式朴素贝叶斯的特征变量是离散变量，符合多项分布，用于表示特征向量的值代表项或其相对频率出现的次数。如果特征向量具有 n 个元素，并且每个元素具有 k 个出现概率为 p_k 的不同值，则：

$$P(X_1=x_1\cap X_2=x_2\cap\cdots\cap X_k=x_k)=\frac{n!}{\prod_i x_i!}\prod_i p_i^{x_i} \tag{6-15}$$

先验概率的计算公式为：

$$P(y_j)=\frac{N_{y_j}+\alpha}{N+j\alpha} \tag{6-16}$$

式中，N是总的样本个数；j是总的类别个数；N_{y_j}是类别为y_j的样本个数；α是平滑值，加入α以避免概率为零。

条件概率$P(x^{(i)}\mid y_j)$的计算公式为：

$$P(x_i\mid y_j)=\frac{N_{\boldsymbol{x}_i=y_j}+\alpha}{N(y_j)+m\alpha} \tag{6-17}$$

式中，$N(y_j)$是类别为y_j的样本个数；m是特征的维数；$N_{\boldsymbol{x}_i=y_j}$是类别为y_j的样本中，第i维特征的值是y_j的样本个数；α是平滑因子，当$\alpha=1$时，称作拉普拉斯平滑，当$0<\alpha<1$时，称作 Lidstone 平滑，$\alpha=0$时不做平滑。

6.1.2.3　高斯朴素贝叶斯

高斯朴素贝叶斯用于特征变量是符合高斯分布的连续值，这些连续值的概率可以使用高斯分布建模，其中高斯分布的均值和方差与每个特定类关联：

$$P(x_i\mid y_j)=\frac{1}{\sqrt{2\pi\sigma_j^2}}\mathrm{e}^{-\frac{(x_i-\mu_j)^2}{2\sigma_j^2}},j=1,2,\cdots,P \tag{6-18}$$

使用最大似然法估计每个条件分布的均值和方差。似然函数为：

$$L(\mu,\sigma^2;X\mid Y)=\log\prod_i P(x_i\mid y_i)=\sum_i \log P(x_i\mid y_i) \tag{6-19}$$

扩展最后一项得到以下表达式（因为均值和方差与y_i类相关联，为避免混淆，使用索引j来表示，从而使得j被排除在总和之外）：

$$\sum_i \log P\left(\boldsymbol{x}_i\mid y_i\right)=\sum_i\left[-\log\sqrt{2\pi}-\log\sigma_j-\frac{(\boldsymbol{x}_i-\mu_j)^2}{2\sigma_j^2}\right] \tag{6-20}$$

为了使似然函数最大化，需要计算关于μ_j和σ_j的偏导数（第一项是常数且可以被省略）：

$$\frac{\partial L}{\partial\mu_j}=\frac{\partial}{\partial\mu_j}\sum_i\left[-\log\sigma_j-\frac{(x_i-\mu_j)^2}{2\sigma_j^2}\right]=-\sum_i\frac{(x_i-\mu_j)}{\sigma_j^2} \tag{6-21}$$

设偏导数为零，得到μ_j如下：

$$\mu_j=\frac{1}{n}\sum_i \boldsymbol{x}_i \tag{6-22}$$

类似地，可以计算σ_j的导数：

$$\frac{\partial L}{\partial\sigma_j}=\frac{\partial}{\partial\sigma_j}\sum_i\left[-\log\sigma_j-\frac{(x_i-\mu_j)^2}{2\sigma_j^2}\right]=-\frac{n}{\sigma_j}+\sum_i\frac{(x_i-\mu_j)^2}{\sigma_j^2} \tag{6-23}$$

方差σ_j的表达式如下：

$$\sigma_j^2 = \frac{\sum_i (x_i - \mu_j)^2}{n} \tag{6-24}$$

重要的是要记住索引 j 已作为辅助项引入，但在似然函数的实际计算中，它指的是分配给样本 x_i 的标签。

6.2 支持向量机

支持向量机（support vector machine, SVM）提出于 1964 年，在 20 世纪 90 年代后得到快速发展并衍生出一系列改进和扩展算法。作为一类监督学习方式，支持向量机是一种对数据进行二元分类的广义线性分类器，其决策边界是对学习样本求解的最大间隔超平面。通过核方法，支持向量机可以进行非线性分类，是常见的核学习方法之一。支持向量机在许多不同的问题中都能表现出好的性能。

6.2.1 线性支持向量机

在二维空间上，两类点被一条直线完全分开叫作线性可分。其严格的数学定义是：D_0 和 D_1 是 n 维欧氏空间中的两个点集，如果存在 n 维向量 $\boldsymbol{w}$ 和实数 b，使得所有属于 D_0 的点 $\boldsymbol{x}_i$ 都有 $\boldsymbol{w} \cdot x_i + b > 0$；而对于所有属于 D_1 的点 $\boldsymbol{x}_j$，则有 $\boldsymbol{w} \cdot \boldsymbol{x}_j + b < 0$，则称 D_0 和 D_1 线性可分。从二维扩展到多维空间时，将 D_0 和 D_1 完全正确地划分开的 $\boldsymbol{w} \cdot \boldsymbol{x} + b=0$ 就成了一个分割超平面。

为了使这个超平面更具鲁棒性，应该找到一个以最大间隔把两类样本分开的超平面，即最大间隔超平面，该平面具有如下性质：

① 两类样本分别被分割在该超平面的两侧；

② 两侧距离超平面最近的样本点到超平面的距离最大化。

显然两侧距离超平面最近的样本点是最重要的样本点，其决定了超平面，这些样本点被称为支持向量，这种寻找最大间隔超平面的方法被称为支持向量机。寻找最大间隔超平面的具体过程如下。

首先要分类的数据集为：

$$\boldsymbol{X} = \{\boldsymbol{x}_1, \boldsymbol{x}_2, \cdots, \boldsymbol{x}_n\}, \boldsymbol{x}_i \in \mathbf{R}^m \tag{6-25}$$

为了简单起见，将其视为二分类，并将类标签设置为–1 和 1：

$$\boldsymbol{Y} = \{y_1, y_2, \cdots, y_n\}, y_i \in \{-1, 1\} \tag{6-26}$$

任意超平面都可以用以下线性方程来描述：

$$\boldsymbol{w}^{\mathrm{T}} \cdot \boldsymbol{x} + b = 0, \boldsymbol{w} = (w_1, w_2, \cdots, w_m)^{\mathrm{T}} \tag{6-27}$$

在 n 维空间中，点 x 到直线 $\boldsymbol{w}^{\mathrm{T}} \cdot x + b = 0$ 的距离为：

$$d = \frac{\left|\boldsymbol{w}^{\mathrm{T}} \cdot \boldsymbol{x} + b\right|}{\|\boldsymbol{w}\|}, \|\boldsymbol{w}\| = \sqrt{w_1^2 + w_2^2 + \cdots + w_m^2} \tag{6-28}$$

假如这个点是支持向量，其到超平面的距离为 d，那么其他点到超平面的距离大于 d。

如图 6-1 所示。

用公式表达为：

$$\begin{cases}\dfrac{\boldsymbol{w}^{\mathrm{T}}\cdot\boldsymbol{x}+b}{\|\boldsymbol{w}\|}\geqslant d,\ y=1\\ \dfrac{\boldsymbol{w}^{T}\cdot\boldsymbol{x}+b}{\|\boldsymbol{w}\|}\leqslant -d,\ y=-1\end{cases} \tag{6-29}$$

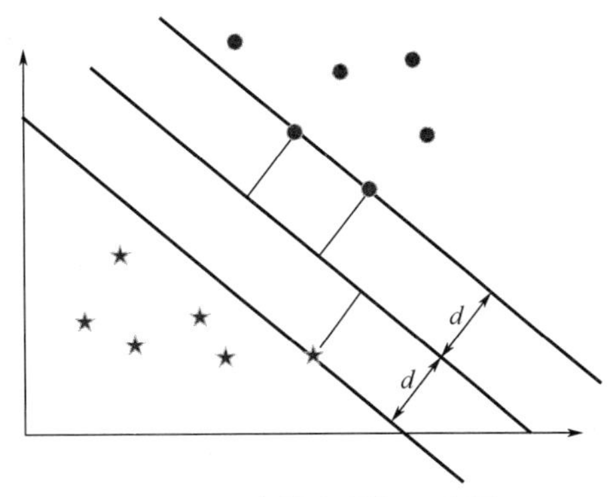

图 6-1 支持向量机示意图

令 $\|\boldsymbol{w}\|d=1$，则有：

$$\begin{cases}\boldsymbol{w}^{\mathrm{T}}\cdot\boldsymbol{x}+b\geqslant 1,\ y=1\\ \boldsymbol{w}^{\mathrm{T}}\cdot\boldsymbol{x}+b\leqslant -1,\ y=-1\end{cases} \tag{6-30}$$

以上方程可合并为一个方程，等价为：

$$y(\boldsymbol{w}^{\mathrm{T}}\cdot\boldsymbol{x}+b)\geqslant 1 \tag{6-31}$$

考虑边界点作为支持向量之间分别到直线的距离，有：

$$2d=\frac{2}{\|\boldsymbol{w}\|} \tag{6-32}$$

为了训练支持向量机，需要最大化距离，相当于最小化如下带约束的目标函数：

$$\begin{aligned}&\min\frac{1}{2}\|\boldsymbol{w}\|\\ &\text{s.t. } y_i(\boldsymbol{w}^{\mathrm{T}}\cdot\boldsymbol{x}_i+b)\geqslant 1,\forall(\boldsymbol{x}_i,y_i)\end{aligned} \tag{6-33}$$

进一步简化得到以下二次规划问题（从范数中除去平方根）：

$$\begin{aligned}&\min\frac{1}{2}\boldsymbol{w}^{\mathrm{T}}\boldsymbol{w}\\ &\text{s.t. } y_i(\boldsymbol{w}^{\mathrm{T}}\cdot\boldsymbol{x}_i+b)\geqslant 1,\forall(\boldsymbol{x}_i,y_i)\end{aligned} \tag{6-34}$$

在上式中，通过使用–1 和 1 作为类标签和边界来保证等式的成立，等式只适用于支持向量，而对于所有其他点，它将大于 1。模型没有考虑到超出此范围的向量，在许多情况下，这会产生非常鲁棒的模型。

以上优化问题的求解步骤如下。

① 构造拉格朗日函数：

$$\min_{w,b}\max_{\lambda} L(\boldsymbol{w},b,\boldsymbol{\lambda})=\frac{1}{2}\boldsymbol{w}^{\mathrm{T}}\boldsymbol{w}+\sum_{i=1}^{n}\lambda_i[1-y_i(\boldsymbol{w}^{\mathrm{T}}\boldsymbol{x}_i+b)] \\ \text{s.t.}\quad \lambda_i \geqslant 0 \tag{6-35}$$

② 利用强对偶性转化：

$$\max_{\boldsymbol{\lambda}}\min_{\boldsymbol{w},b} L(\boldsymbol{w},b,\boldsymbol{\lambda}) \tag{6-36}$$

对参数 $\boldsymbol{w}$ 和 b 求偏导数：

$$\frac{\partial L}{\partial \boldsymbol{w}}=\boldsymbol{w}-\sum_{i=1}^{n}\lambda_i\boldsymbol{x}_i y_i=0 \\ \frac{\partial L}{\partial b}=\sum_{i=1}^{n}\lambda_i y_i=0 \tag{6-37}$$

得到：

$$\sum_{i=1}^{n}\lambda_i\boldsymbol{x}_i y_i=\boldsymbol{w} \\ \sum_{i=1}^{n}\lambda_i y_i=0 \tag{6-38}$$

将这个结果代回函数中可得：

$$\begin{aligned} L(\boldsymbol{w},b,\boldsymbol{\lambda}) &=\frac{1}{2}\sum_{i=1}^{n}\sum_{j=1}^{n}\lambda_i\lambda_j y_i y_j(\boldsymbol{x}_i\cdot\boldsymbol{x}_j)+\sum_{i=1}^{n}\lambda_i-\sum_{i=1}^{n}\lambda_i y_i\left[\sum_{j=1}^{n}\lambda_j y_j(\boldsymbol{x}_i\cdot\boldsymbol{x}_j)+b\right] \\ &=\frac{1}{2}\sum_{i=1}^{n}\sum_{j=1}^{n}\lambda_i\lambda_j y_i y_j(\boldsymbol{x}_i\cdot\boldsymbol{x}_j)+\sum_{i=1}^{n}\lambda_i-\sum_{i=1}^{n}\sum_{j=1}^{n}\lambda_i\lambda_j y_i y_j(\boldsymbol{x}_i\cdot\boldsymbol{x}_j)-\sum_{i=1}^{n}\lambda_i y_i b \\ &=\sum_{j=1}^{n}\lambda_i-\frac{1}{2}\sum_{i=1}^{n}\sum_{j=1}^{n}\lambda_i\lambda_j y_i y_j(\boldsymbol{x}_i\cdot\boldsymbol{x}_j) \end{aligned} \tag{6-39}$$

也就是说：

$$\min_{w,b} L(\boldsymbol{w},b,\boldsymbol{\lambda})=\sum_{j=1}^{n}\lambda_i-\frac{1}{2}\sum_{i=1}^{n}\sum_{j=1}^{n}\lambda_i\lambda_j y_i y_j(\boldsymbol{x}_i\cdot\boldsymbol{x}_j) \tag{6-40}$$

③ 由步骤②得：

$$\max_{\lambda}\left[\sum_{j=1}^{n}\lambda_i-\frac{1}{2}\sum_{i=1}^{n}\sum_{j=1}^{n}\lambda_i\lambda_j y_i y_j(\boldsymbol{x}_i\cdot\boldsymbol{x}_j)\right] \\ \text{s.t.}\ \sum_{i=1}^{n}\lambda_i y_i=0\ \ \lambda_i\geqslant 0 \tag{6-41}$$

可以看出来这是一个二次规划问题，问题规模正比于训练样本数，支持向量机中常用序列最小优化算法（sequential minimal optimization，SMO）求解。其核心思想是每次只优化一个参数，其他参数先固定住，仅求当前这个优化参数的极值。在支持向量机中，有约束条件：

$\sum_{i=1}^{n}\lambda_i y_i = 0$，没法一次只变动一个参数，所以一次选择两个参数。具体步骤为：

a. 选择两个需要更新的参数 λ_i 和 λ_j，固定其他参数，约束变为：

$$\lambda_i y_i + \lambda_j y_j = c,\ \lambda_i \geqslant 0, \lambda_j \geqslant 0 \tag{6-42}$$

其中 $c = -\sum_{k \neq i,j}\lambda_k y_k$，由此可以得出 $\lambda_j = \dfrac{c - \lambda_i y_i}{y_j}$。此时，可以用 λ_i 的表达式代替 λ_j，相当于把目标问题转化成了仅有一个约束条件的最优化问题，仅有的约束是 $\lambda_i \geqslant 0$。

b. 对于仅有一个约束条件的最优化问题，可以在 λ_i 上对优化目标求偏导，令导数为零，从而求出变量值 $\lambda_{i_{\text{new}}}$，然后根据 $\lambda_{i_{\text{new}}}$ 求出 $\lambda_{j_{\text{new}}}$。

c.多次迭代直至收敛，得到最优解 λ^*。

④ 求偏导数，得到：

$$\boldsymbol{w} = \sum_{i=1}^{m}\lambda_i y_i \boldsymbol{x}_i \tag{6-43}$$

由上式可求得 $\boldsymbol{w}$。

为了更具鲁棒性，用支持向量的均值求得 b：

$$b = \frac{1}{|S|}\sum_{s \in S}(y_s - \boldsymbol{w}\boldsymbol{x}_s) \tag{6-44}$$

⑤ 构造最大分割超平面 $\boldsymbol{w}^{\mathrm{T}}\boldsymbol{x} + b = 0$。

至此，问题的分类决策函数为：

$$f(\boldsymbol{x}) = \mathrm{sign}(\boldsymbol{w}^{\mathrm{T}}\boldsymbol{x} + b) \tag{6-45}$$

其中 $\mathrm{sign}(\cdot)$ 为阶跃函数：

$$\mathrm{sign}(x) = \begin{cases} -1, & x < 0 \\ 0, & x = 0 \\ 1, & x > 0 \end{cases} \tag{6-46}$$

将新样本点导入决策函数中即可得到样本的分类。

6.2.2 软间隔

在线性支持向量机中，要求样本完全线性可分，但很多情况下数据不是完全线性可分的样本，可能会有个别样本点出现在间隔带或相反的分类中。这种情况可以用软间隔的方式解决，即允许部分样本点不满足约束条件：

$$y_i(\boldsymbol{w}^{\mathrm{T}} \cdot \boldsymbol{x}_i + b) \geqslant 1 \tag{6-47}$$

为了度量这个间隔软到何种程度，为每个样本引入一个松弛变量 ξ_i，令 $\xi_i \geqslant 0$，且 $1 - y_i(\boldsymbol{w}^{\mathrm{T}} \cdot \boldsymbol{x}_i + b) - \xi_i \leqslant 0$。此时，相应的优化问题变为：

$$\min \frac{1}{2}\boldsymbol{w}^{\mathrm{T}}\boldsymbol{w}+C\sum_{i=1}^{n}\xi_i$$
$$\text{s.t. } y_i(\boldsymbol{w}^{\mathrm{T}}\cdot\boldsymbol{x}_i+b)\geqslant 1-\xi_i\ ,\ \xi_i\geqslant 0, i=1,2,\cdots,n \tag{6-48}$$

式中，C 是一个大于 0 的常数，可以理解为对错误样本的惩罚程度。当 C 为有限值的时候，允许部分样本不遵循约束条件。

那么在间隔内的那部分样本点是不是支持向量呢？读者可以自行思考。

6.2.3 核函数

线性支持向量机是建立在样本完全线性可分或大部分线性可分基础上的，但实际数据中的样本点可能并不是线性可分的。为解决低维空间的线性不可分问题，可以将原始矢量投影到更高维度的空间，即让样本点在高维空间中线性可分。

考虑从输入样本空间 X 到高维空间 V：

$$\phi(\boldsymbol{x}): X\rightarrow V\ \forall\ \boldsymbol{x}\in X \tag{6-49}$$

式中，$\phi(\boldsymbol{x})$ 表示 $\boldsymbol{x}$ 映射到新的特征空间后的新向量，此时分割超平面可以表示为：

$$f(\boldsymbol{x})=\boldsymbol{w}^{\mathrm{T}}\phi(\boldsymbol{x})+b \tag{6-50}$$

为求解参数 $\boldsymbol{w}$，优化问题变为：

$$\min \frac{1}{2}\boldsymbol{w}^{\mathrm{T}}\boldsymbol{w}+C\sum_{i=1}^{n}\xi_i$$
$$\text{s. t. } y_i\left[\boldsymbol{w}^{\mathrm{T}}\cdot\phi(\boldsymbol{x}_i)+b\right]\geqslant 1-\xi_i,\forall(\boldsymbol{x}_i,y_i)\text{ 且 }\xi_i\geqslant 0 \tag{6-51}$$

式中，每个特征向量通过一个非线性函数 $\phi(\boldsymbol{x})$ 实现变换。为求解上述优化问题，最终可变为如下优化问题：

$$\max\left[\sum_{i=1}^{n}\alpha_i-\frac{1}{2}\sum_{i=1}^{n}\sum_{j=1}^{n}\alpha_i\alpha_j y_i y_j\phi(\boldsymbol{x}_i)^{\mathrm{T}}\cdot\phi(\boldsymbol{x}_j)\right]$$
$$\text{s.t. }\sum_{i=1}^{n}\alpha_i y_i=0 \tag{6-52}$$

其中，需要对每两个特征向量 $\phi(\boldsymbol{x}_i)^{\mathrm{T}}\phi(\boldsymbol{x}_j)$ 进行计算，对于规模大的问题其计算量很大。核方法提供了更好的解决方案，即将以上计算定义为核函数：

$$K(\boldsymbol{x}_i,\boldsymbol{x}_j)=\phi(\boldsymbol{x}_i)^{\mathrm{T}}\phi(\boldsymbol{x}_j) \tag{6-53}$$

式中，向量投影的乘积被定义为两个特征向量核函数的值。根据 Mercer 定理，只要核满足 X 上的特定条件（称为 Mercer 条件），$\phi(\boldsymbol{x})$ 函数就始终存在。常用的核函数如下。

（1）径向基核（radial basis function）

径向基核基于以下函数：

$$K(\boldsymbol{x}_i,\boldsymbol{x}_j)=\mathrm{e}^{-\gamma|\boldsymbol{x}_i-\boldsymbol{x}_j|^2} \tag{6-54}$$

其中，γ 参数决定了函数的幅度，不受方向的影响，仅仅受距离的影响。当集合是凹的且相交时，例如，当属于一个类别的一个子集被属于另一个类别的另一个子集包围时，此内核特别有用。

（2）多项式核（polynomial kernel）

多项式核基于以下函数：

$$K(\boldsymbol{x}_i,\boldsymbol{x}_j)=(\gamma\boldsymbol{x}^{\mathrm{T}}{}_i\cdot\boldsymbol{x}_j+r)^c \tag{6-55}$$

式中，c 为指数项参数；γ 为常数项系数。多项式核函数通过使用大量的支持变量从而扩大维度，并克服非线性问题，但对计算资源方面的要求较高。考虑到非线性函数通常可以采用多项式对有界区域进行近似逼近，因此使用该多项式核可以很容易地解决许多复杂问题。

（3）Sigmoid 核（Sigmoid kernel）

Sigmoid 核基于以下函数：

$$K(\boldsymbol{x}_i,\boldsymbol{x}_j)=\frac{1-\mathrm{e}^{-2(\gamma\boldsymbol{x}^{\mathrm{T}}{}_i\cdot\boldsymbol{x}_j+r)}}{1+\mathrm{e}^{-2(\gamma\boldsymbol{x}^{\mathrm{T}}{}_i\cdot\boldsymbol{x}_j+r)}}=\tanh(\gamma\boldsymbol{x}_i{}^{\mathrm{T}}\cdot\boldsymbol{x}_j+r) \tag{6-56}$$

当 γ<<1 且 r<0，则 Sigmoid 核的行为类似于径向基核，一般而言，其性能对于径向基核或多项式核而言不占优势。

6.3 编程实践

6.3.1 使用贝叶斯方法实现垃圾邮件过滤

考虑通过对邮件关键字进行统计，使用贝叶斯方法来计算一封电子邮件是或不是垃圾邮件的概率。

假设在收集的 100 封电子邮件中，已知 30 个是垃圾邮件，70 个是正常邮件。此时，P(Spam)=0.3。

假设考虑一个单个的原则，例如电子邮件的文本少于 50 个字符为垃圾邮件。此时，判断垃圾邮件的条件概率为：

$$P(\mathrm{Spam}\mid\mathrm{Text}<50\ \mathrm{chars})=\frac{P(\mathrm{Text}<50\ \mathrm{chars}\mid\mathrm{Spam})P(\mathrm{Spam})}{P(\mathrm{Text}<50\ \mathrm{chars})} \tag{6-57}$$

检查所有邮件，发现 35 个电子邮件的文本短于 50 个字符，所以 P(Text<50chars)=0.35。检查垃圾邮件文件夹，只有 25 封垃圾邮件具有短文本，因此 P(Text<50 chars|Spam)=25/30=0.83。因此 $P(\mathrm{Spam}\mid\mathrm{Text}<50\ \mathrm{chars})=\dfrac{0.83\times0.3}{0.35}=0.71$。

以上对于垃圾邮件处理的思路比较简单。在实际中，会根据词语出现的频率来判断是否是垃圾邮件。

首先，解析所有邮件，提取每一个词。然后，计算每个词语在正常邮件和垃圾邮件中的出现频率。比如，假定“sex”这个词，在4000封垃圾邮件中，有200封包含这个词，那么它的出现频率就是5%；而在4000封正常邮件中，只有2封包含这个词，那么出现频率就是0.05%。

使用朴素贝叶斯模型，对邮件进行分类，识别邮件是不是垃圾邮件。导入需要使用的库函数：

```
import numpy as np
from sklearn.metrics import accuracy_score
from sklearn.model_selection import train_test_split
from sklearn.naive_bayes import MultinomialNB
```

对数据进行预处理，去除列表中重复元素，以列表形式返回：

```
def text_parse(big_string):
    token_list = big_string.split()
    return [tok.lower() for tok in token_list if len(tok) > 2]
def create_vocab_list(data_set):
    vocab_set = set({})
    for d in data_set:
      vocab_set = vocab_set | set(d)
    return list(vocab_set)
```

统计每一封邮件中的单词在单词表中出现的次数，并以列表形式返回：

```
def words_to_vec(vocab_list, input_set):
   return_vec = [0] * len(vocab_list)
   for word in input_set:
      if word in vocab_list:
         return_vec[vocab_list.index(word)] += 1
   return return_vec
```

朴素贝叶斯主程序如下：

```
doc_list, class_list, x = [ ], [ ], [ ]
for i in range(1, 26):
    # 读取第 i 封垃圾邮件，并以列表形式返回
    word_list=text_parse(open('email/spam/{0}.txt'.format(i), encoding=
'ISO-8859-1').read())
    doc_list.append(word_list)
    class_list.append(1)
    # 读取第 i 封非垃圾邮件，并以列表形式返回
    word_list=text_parse(open('email/ham/{0}.txt'.format(i), encoding=
'ISO-8859-1').read())
    doc_list.append(word_list)
    class_list.append(0)
```

将数据向量化并且分割数据为训练集和测试集：

```
vocab_list = create_vocab_list(doc_list)
for word_list in doc_list:
   x.append(words_to_vec(vocab_list, word_list))
x_train, x_test, y_train, y_test = train_test_split(x, class_list,
test_size=0.25)
x_train, x_test, y_train, y_test = np.array(x_train), np.array(x_test),
np.array(y_train), np.array(y_test)
```

训练模型：

```
nb_model = MultinomialNB()
nb_model.fit(x_train, y_train)
```

此处采用了多项式贝叶斯分类器，此外 sklearn 中还提供先验为伯努利分布的 BernoulliNB、先验为高斯分布的 GaussianNB。多项式朴素贝叶斯的用法如下：

```
MultinomialNB(alpha=1.0, fit_prior=True,class_prior=None)
```

其中，alpha 为浮点型可选参数，默认为 1.0，其实就是添加拉普拉斯平滑，即式（6-17）中的 α，如果这个参数设置为 0，就是不添加平滑。fit_prior 为布尔型可选参数，默认为 True，表示是否要考虑先验概率，如果是 False，则所有的样本类别输出都有相同的类别先验概率，否则可以自己用第三个参数 class_prior 输入先验概率，或者不输入第三个参数 class_prior，让 MultinomialNB 自己通过训练集样本来计算先验概率。class_prior 为可选参数，默认为 None。

测试模型效果：

```
y_pred = nb_model.predict(x_test)
# 输出预测情况
print("正确值: {0}".format(y_test))
print("预测值: {0}".format(y_pred))
print("准确率: %f%%" % (accuracy_score(y_test, y_pred) * 100))
```

使用贝叶斯方法实现垃圾邮件过滤

准确率为：92.3%。

6.3.2 使用支持向量机实现鸢尾花数据的分类

在 4.4.4 节中，我们曾用决策树对鸢尾花数据集进行了分类。当然，还可以采用其他方法对该数据集建立分类模型。sklearn 中集成了许多算法，其导入包的方式如下所示。

逻辑回归：from sklearn.linear_model import LogisticRegression

朴素贝叶斯：from sklearn.naive_bayes import GaussianNB

K-近邻：from sklearn.neighbors import KNeighborsClassifier

决策树：from sklearn.tree import DecisionTreeClassifier

支持向量机：from sklearn import svm

首先，使用 numpy 中的 loadtxt 读入数据文件：

```
data = np.loadtxt('iris.txt', dtype=float, delimiter=',', converters={4: iris_type})
```

其中，iris_type 是转换函数：

```
def iris_type(s):
    it = {b'Iris-setosa': 0, b'Iris-versicolor': 1, b'Iris-virginica': 2}
    return it[s]
```

将 Iris 分为训练集与测试集：

```
x, y = np.split(data, (4,), axis=1)
x = x[:, :2]
x_train, x_test, y_train, y_test = train_test_split(x, y, random_state=1, train_size=0.6)
```

训练 svm 分类器：

```
clf = svm.SVC(C=0.8, kernel='rbf',gamma=20,decision_function_shape='ovr')
clf.fit(x_train, y_train.ravel())
```

其中，kernel='linear'时，为线性核，C 越大分类效果越好，但有可能会过拟合（default C=1）；kernel='rbf'时（default），为径向核。gamma 值越小，分类界面越连续；gamma 值越大，分类界面越“散”，分类效果越好，但有可能会过拟合。decision_function_shape='ovr'时，为 one v rest，即一个类别与其他类别进行划分，decision_function_shape='ovo'时，为 one v one，即将类别两两之间进行划分，用二分类的方法模拟多分类的结果。

计算 svc 分类器的准确率：

```
def show_accuracy(a, b, tip):
    acc = a.ravel() == b.ravel()
    print('%s 正确率:%.3f' %(tip, np.mean(acc)))
print (clf.score(x_train, y_train))  # 精度
y_hat = clf.predict(x_train)
show_accuracy(y_hat, y_train, '训练集')
print (clf.score(x_test, y_test))
y_hat = clf.predict(x_test)
show_accuracy(y_hat, y_test, '测试集')
```

使用支持向量机实现鸢尾花数据分类

结果为：

训练集正确率：0.867

测试集正确率：0.650

结果见图 6-2。

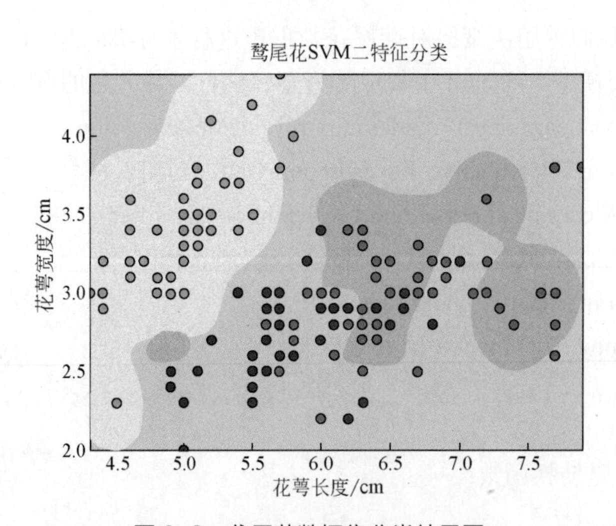

图 6-2　鸢尾花数据集分类结果图

很明显，分类的正确率并不高。读者可以尝试调整参数观察分类效果，也可以尝试使用其他分类方法建立分类模型。

课后练习

一、问答题

1. 请写出贝叶斯公式，并描述朴素贝叶斯分类方法的原理和步骤。

2. 支持向量机的基本思想是什么？

3. 什么是支持向量？

4. 使用 SVM 时，对输入值进行缩放为什么重要？

5. SVM 分类器在对实例进行分类时，会输出置信度么？概率呢？

6. 如果训练集有上千万个实例和几百个特征，你应该使用 SVM 原始问题还是对偶问题来训练模型？

7. 假设你用 RBF 核训练了一个 SVM 分类器，看起来似乎对训练集拟合不足，你应该提升还是降低 γ（gamma）？ C 呢？

二、编程题

1. MNIST 手写数字数据集是一个开源数据集，用该数据集训练一个 SVM 模型，实现手写数字的识别（分类）。

2. 在加州住房数据集上训练一个 SVM 回归模型。

参考答案

第7章

人工神经网络和深度学习

人工神经网络（artificial neural network, ANN）是对人脑或自然神经网络若干基本特性的抽象和模拟，通过由人工建立的以有向图为拓扑结构的动态系统，对连续或断续的输入作状态响应而进行信息处理。深度学习（deep learning）的概念源于人工神经网络的研究，通过组合低层特征形成更加抽象的高层表示属性类别或特征，以发现数据的分布式特征表示。本章就基本的人工神经网络和深度学习的内容展开。

学习意义

人工神经网络是20世纪80年代以来人工智能领域兴起的研究热点，2006年后深度学习得到了快速发展。通过学习人工神经网络和深度学习，了解两者的异同点，从而在解决实际问题时能选择合理的方法。

学习目标

- 了解人工神经网络和深度学习的算法思想和算法推导。
- 了解感知机，熟悉BP算法。
- 掌握卷积神经网络CNN。
- 对RNN循环神经网络与LSTM有一定认识。
- 使用Python相关库提供的算法实现编程。

7.1 人工神经网络

人工神经网络是一种运算模型，由大量的节点（神经元）之间相互连接而成。每个节点代表一种特定的输出函数，称为激励函数。每两个节点间的连接代表通过该连接信号的加权值，称为权重，这相当于人工神经网络的记忆。网络的输出依据网络的连接方式、权重和激励函数的不同而不同，网络通常都是对自然界某种算法或者函数的逼近。

人工神经网络按时间发展脉络可归结为如下重要阶段。

① 1943年，心理学家W.S.McCulloch和数理逻辑学家W.Pitts建立了神经网络和数学模

型，称为 MP 模型。MP 模型模仿神经元的结构和工作原理，构建出一个基于神经网络的数学模型，本质上是一种“模拟人类大脑”的神经元模型。MP 模型作为人工神经网络的起源，开创了人工神经网络的新时代，也奠定了神经网络模型的基础。

② 20 世纪 50 年代末，在 MP 模型和 Hebb 学习规则研究的基础上，美国科学家罗森布拉特发现了一种类似于人类学习过程的学习算法——感知机学习，并于 1958 年正式提出了由两层神经元组成的神经网络，称为“感知器”。感知器本质上是一种线性模型，可以对输入的训练集数据进行二分类，且能够在训练集中自动更新权值。感知器的提出吸引了大量科学家对人工神经网络研究的兴趣，对神经网络的发展具有里程碑式的意义。

③ 20 世纪 60 年代到 80 年代，自适应线性元件等更完善的神经网络模型被提出，同时出现的还有适应谐振理论（ART 网）、自组织映射、认知机网络，神经网络数学理论的研究也得到了发展。

④ 1982 年，美国加州工学院物理学家 J.J.Hopfield 提出了 Hopfield 神经网络模型，引入了“计算能量”概念，给出了网络稳定性判断。1984 年，他又提出了连续时间 Hopfield 神经网络模型，为神经计算机的研究做了开拓性的工作，开创了神经网络用于联想记忆和优化计算的新途径，有力地推动了神经网络的研究。

⑤ 1986 年，深度学习之父 Geoffrey Hinton 提出了一种适用于多层感知器的反向传播算法——BP 算法。BP 算法在传统神经网络正向传播的基础上，增加了误差的反向传播过程。反向传播过程不断地调整神经元之间的权值和阈值，直到输出的误差减小到允许的范围之内，或达到预先设定的训练次数为止。BP 算法完美地解决了非线性分类问题，让人工神经网络再次引起了人们的广泛关注。

⑥ 1988 年，Broomhead 和 Lowe 用径向基函数（radial basis function, RBF）提出分层网络的设计方法，从而将人工神经网络设计与数值分析和线性适应滤波相挂钩。

⑦ 20 世纪 80 年代后，计算机硬件水平的限制导致当神经网络的规模增大时，再使用 BP 算法会出现“梯度消失”的问题，这使得 BP 算法的发展受到了很大的限制。20 世纪 90 年代中期，以 SVM 为代表的其他浅层机器学习算法被提出，并在分类、回归问题上均取得了很好的效果，其原理又明显不同于神经网络模型，人工神经网络的发展再次进入了瓶颈期。

⑧ 2006 年，Geoffrey Hinton 以及他的学生 Ruslan Salakhutdinov 正式提出了深度学习的概念，并在学术期刊《科学》发表的一篇文章中详细地给出了“梯度消失”问题的解决方案——通过无监督的学习方法逐层训练算法，再使用有监督的反向传播算法进行调优。

⑨ 2012 年，在著名的 ImageNet 图像识别大赛中，Geoffrey Hinton 领导的小组采用深度学习模型 AlexNet 一举夺冠。AlexNet 采用 ReLU 激活函数，从根本上解决了梯度消失问题，并采用 GPU 极大地提高了模型的运算速度。同年，由斯坦福大学吴恩达教授和世界顶尖计算机专家 Jeff Dean 共同主导的深度神经网络——DNN 技术在图像识别领域取得了惊人的成绩，在 ImageNet 评测中成功地把错误率从 26%降低到了 15%。深度学习算法在世界大赛的脱颖而出，也再一次吸引了学术界和工业界对于深度学习领域的关注。

7.1.1 基本单元

人工神经网络是由大量处理单元经广泛互联而组成的人工网络，其中基本的处理单元被称作人工神经元，简称神经元。神经元的示意图如图 7-1 所示。

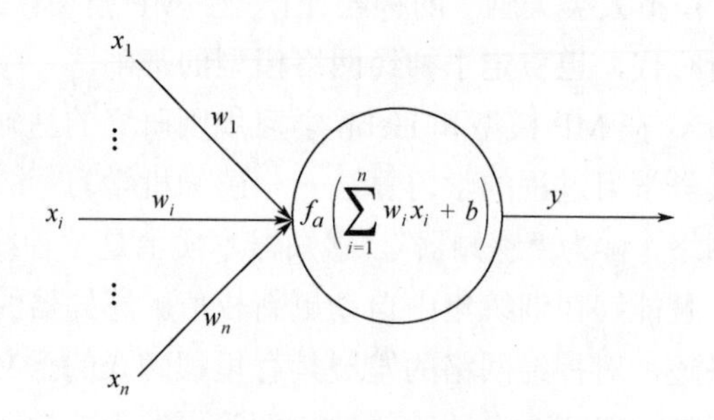

图 7-1　神经元示意图

其中输入 x_i 是神经元的输入特征，连接权重 w_i 用于将输入特征线性组合在一起，构成一个线性表达式，将线性表达式通过激活函数 f_a 的运算，得到神经元的输出。

激活函数的选择是构建神经网络过程中的重要环节，常用的激活函数如下。

（1）线性函数（liner function）

$$f(x)=kx+c \tag{7-1}$$

（2）斜面函数（ramp function）

$$f(x)=\begin{cases} T, & x>c \\ kx, & |x|\leqslant c \\ -T, & x<-c \end{cases} \tag{7-2}$$

（3）阈值函数（threshold function）

$$f(x)=\begin{cases} 1, & x\geqslant c \\ 0, & x<c \end{cases} \tag{7-3}$$

（4）Sigmoid 函数（sigmoid function）

$$f(x)=\frac{1}{1+\mathrm{e}^{-\alpha x}},\quad 0<f(x)<1 \tag{7-4}$$

（5）双 sigmoid 函数

$$f(x)=\frac{2}{1+\mathrm{e}^{-\alpha x}}-1,\quad -1<f(x)<1 \tag{7-5}$$

其中，双 Sigmoid 函数与 Sigmoid 函数的主要区别在于函数的值域，双 Sigmoid 函数的值域是（−1,1），而 S 形函数的值域是（0,1）。人工神经网络中，最常用的激活函数是 Sigmoid 函数。

7.1.2　网络结构

神经网络是由大量的神经元互联而构成的网络。根据网络中神经元的互联方式，常见网络结构主要可以分为下面 3 类。

（1）前馈神经网络

前馈网络也称前向网络，是最常见的神经网络。之所以称为前馈是因为它在输出和模型本身之间没有反馈，数据只能向前传送，直到到达输出层，层间没有向后的反馈信号。网络结构如图 7-2 所示。

典型的前馈神经网络包括感知器、BP 网络等。

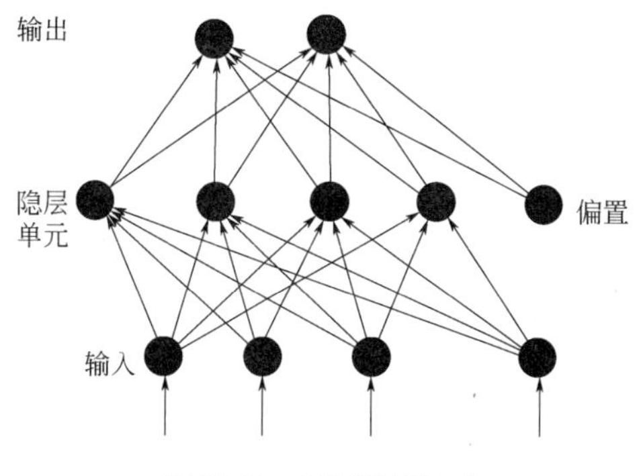

图 7-2　前馈神经网络

（2）反馈神经网络

反馈神经网络是一种从输出到输入具有反馈连接的神经网络，其结构比前馈网络要复杂得多。网络结构如图 7-3 所示。

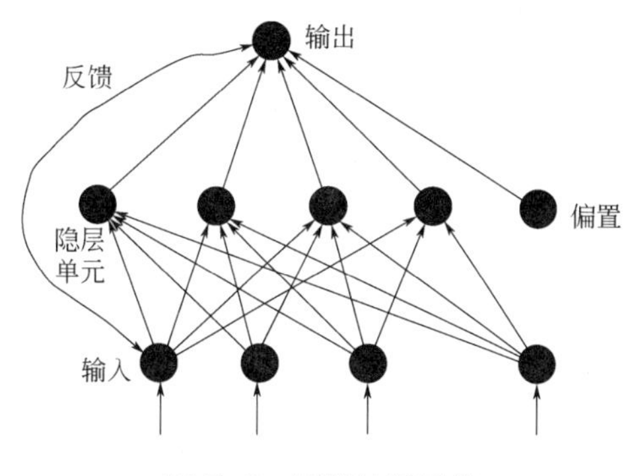

图 7-3　反馈神经网络

典型的反馈神经网络包括 Elman 网络、Hopfield 网络等。

（3）自组织神经网络

自组织神经网络是一种无监督学习网络。它通过自动寻找样本中的内在规律和本质属性，自组织、自适应地改变网络参数与结构。自组织神经网络的结构如图 7-4 所示。

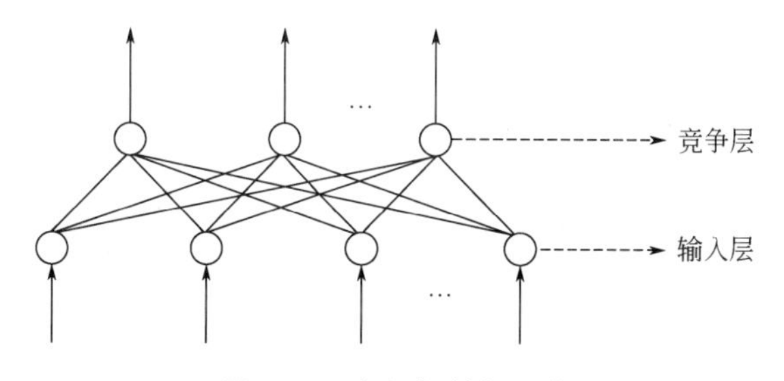

图 7-4　自组织神经网络

7.1.3 典型的神经网络

7.1.3.1 感知器网络

神经网络中最简单的是感知器网络，包括单层感知器和多层感知器（multi-layer perceptron, MLP）网络。其中，单层感知器基于线性阈值单元，是一种二分类的线性分类模型，其模型是将实例划分为正负两类的分离超平面。感知器相当于对输入做一个线性组合，再加一个阈值函数。可以想象，单层感知器只能对完全线性可分问题进行分类，无法解决异或问题。

多层感知器网络将多个感知器组合，由一个输入层、一个输出层和一个或多个隐藏层组成，可以实现复杂空间的分割。多层感知器网络中的所有神经元都差不多，每个神经元都有几个输入（连接前一层）神经元和输出（连接后一层）神经元，该神经元会将相同值传递给与之相连的多个输出神经元，其结构如图 7-5 所示。

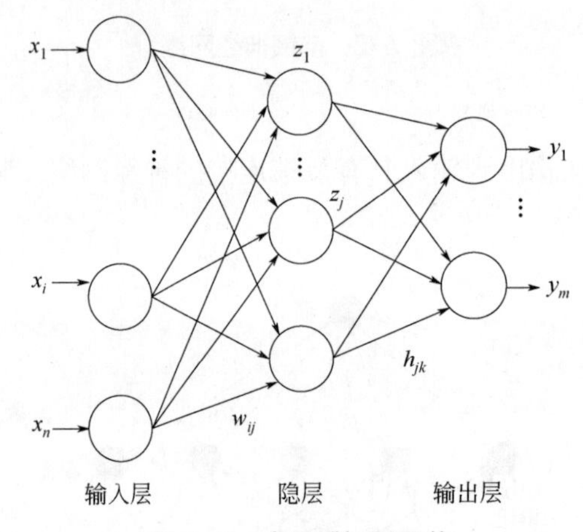

图 7-5 多层感知器网络

在多层感知器网络中，各层按信号传输先后顺序依次排列，第 i 层的神经元只接受第 $(i-1)$ 层神经元给出的信号，输入神经元无计算功能，只是为了表征输入矢量各元素值，每个神经元可以有任意个输入，但只有一个输出，它可送到下一层的多个神经元作输入。

在多层感知器网络中，每个隐层神经元的输入和相应的输出是：

$$\begin{cases} z_j^{\text{Input}} = w_{0j}x_0 + w_{1j}x_1 + \cdots + w_{nj}x_n = \sum\limits_i w_{ij}x_i \\ z_j^{\text{Output}} = f_a^{\text{Hidden}}(z_j^{\text{Input}} + b_j^{\text{Hidden}}) \end{cases} \tag{7-6}$$

式中，第一个下标代表上一个神经元，第二个下标代表下一个神经元。以同样的方式，可以计算网络输出为：

$$\begin{cases} y_k^{\text{Input}} = h_{0k}z_0^{\text{Output}} + h_{1k}z_1^{\text{Output}} + \cdots + h_{pk}z_p^{\text{Output}} = \sum\limits_j h_{jk}z_j^{\text{Output}} \\ y_k^{\text{Output}} = f_a^{\text{Output}}(y_k^{\text{Intput}} + b_k^{\text{Output}}) \end{cases} \tag{7-7}$$

7.1.3.2 BP 神经网络

BP（back propagation）神经网络（简称 BP 网络）是一种多层感知器网络，其主要的特点是信息正向传播而误差反向传播。BP 网络是目前应用最广泛、最成功的神经网络模型之一。

BP 网络能学习和存储大量的输入-输出模式映射关系，而无须事前揭示描述这种映射关系的数学方程。它的学习规则是使用最速下降法，通过反向传播来不断调整网络的权值和阈值，使网络的误差平方和最小。BP 网络拓扑结构包括输入层（input layer）、隐层（hidden layer）和输出层（output layer），如图 7-6 所示。

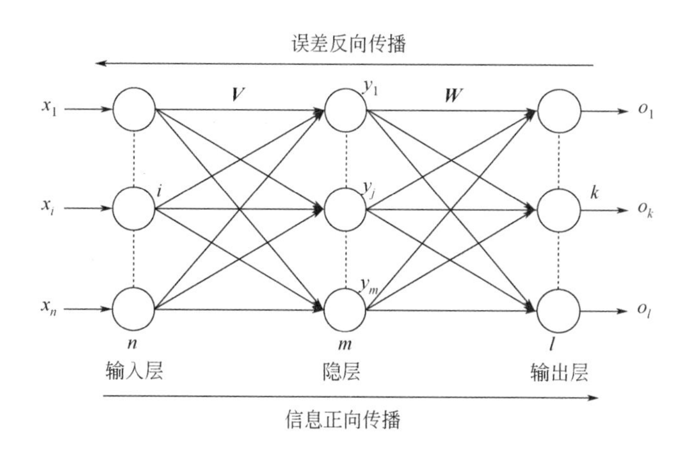

图 7-6 BP 神经网络模型拓扑结构

对于只含一个隐层的神经网络模型，BP 神经网络的过程主要分为两个阶段，第一阶段是信息的正向传播，从输入层经过隐层，最后到达输出层；第二阶段是误差的反向传播，从输出层到隐层，最后到输入层，依次调节隐层到输出层的权重和偏置，输入层到隐层的权重和偏置。

反向传播算法是建立在梯度下降算法基础上的适用多层神经网络的参数训练方法。由于隐层节点的预测误差无法直接计算，因此，反向传播算法直接利用输出层节点的预测误差反向估计上一层隐藏节点的预测误差，即从输出层自后向前逐层把误差反向传播到输入层，从而实现对连接权重的调整。网络误差与权值调整的具体过程为：

① 对于神经网络输出层有：

$$
\begin{aligned}
&O_k = f(\mathrm{net}_k) \\
&\mathrm{net}_k = \sum_{j=0}^{m} w_{jk} y_k, k = 1, 2, \cdots, l
\end{aligned}
\tag{7-8}
$$

② 对于神经网络隐层有：

$$
\begin{aligned}
&y_j = f(\mathrm{net}_j), j = 1, 2, \cdots, m \\
&\mathrm{net}_j = \sum_{r=0}^{n} v_{rf} x_r, k = 1, 2, \cdots, l
\end{aligned}
\tag{7-9}
$$

其中，激活函数可以选为 Sigmoid 函数。

当神经网络的输出与期望的输出差距较大或者不在接受范围内时，即存在输出误差，可表示为：

$$
E = \frac{1}{2}(d - O)^2 = \frac{1}{2}\sum_{k=1}^{l}(d_k - O_k)^2 \tag{7-10}
$$

乘以 1/2 的原因是调整 E 求导后的系数为 1。将上面的误差定义表达式展开，代入隐含层有：

$$E=\frac{1}{2}\sum_{k=1}^{l}[d_k-f(\text{net}_k)]^2 \tag{7-11}$$

展开到输入层，则有：

$$\begin{aligned}E&=\frac{1}{2}\sum_{k=1}^{l}\left\{d_k-f\left[\sum_{r=0}^{m}w_{rk}f(\text{net}_r)\right]\right\}^2\\&=\frac{1}{2}\sum_{k=1}^{l}\left\{d_k-f\left[\sum_{r=0}^{m}w_{rk}f\left(\sum_{r=0}^{n}v_{rf}x_r\right)\right]\right\}^2\end{aligned} \tag{7-12}$$

根据上式可以看出，神经网络输出的误差 E 是关于各层权值的函数，因此可以通过调整各层的权值来改变误差 E 的大小。显然，进行权值调整的目的是不断减少误差 E 的大小，使其符合具体的要求。因此，要求权值的调整量与误差的负梯度成正比，即：

$$\begin{aligned}&\Delta w_{jk}=-\eta\frac{\partial E}{\partial w_{jk}},j=0,1,2,\cdots,m;k=1,2,\cdots,l\\&\Delta v_{rf}=-\eta\frac{\partial E}{\partial v_{rf}},r=0,1,2,\cdots,n;j=1,2,\cdots,m\end{aligned} \tag{7-13}$$

式中，负号表示梯度下降；比例系数用常数 η 表示，它就是神经网络训练中的学习速率。对于神经网络权值调整的具体计算，式（7-13）可以写为：

$$\Delta w_{jk}=-\eta\frac{\partial E}{\partial w_{jk}}=-\eta\frac{\partial E}{\partial \text{net}_k}\frac{\partial \text{net}_k}{\partial w_{jk}} \tag{7-14}$$

$$\Delta v_{rf}=-\eta\frac{\partial E}{\partial \text{net}_j}\frac{\partial \text{net}_j}{\partial v_{rf}} \tag{7-15}$$

定义输出层和隐层信号分别为：

$$\delta_k^0=-\eta\frac{\partial E}{\partial \text{net}_k}\quad \delta_j^y=-\eta\frac{\partial E}{\partial \text{net}_j} \tag{7-16}$$

由式（7-14）和式（7-16）得：

$$\Delta w_{jk}=\eta\delta_k^0 y_j \tag{7-17}$$

由式（7-15）和式（7-16）得：

$$\Delta v_{rf}=\eta\delta_j^y x_r \tag{7-18}$$

通过式（7-17）和式（7-18）可以看出要完成神经网络权值调整计算的推导，只需要计算出式（7-16）中的误差信号，下面继续求导。

对于输出层进行展开：

$$\delta_k^0=-\eta\frac{\partial E}{\partial \text{net}_k}=-\eta\frac{\partial E}{\partial O_k}\frac{\partial O_k}{\partial \text{net}_k}=-\frac{\partial E}{\partial O_k}f'(\text{net}_k) \tag{7-19}$$

对隐层进行展开：

$$\delta_j^y = -\eta \frac{\partial E}{\partial \text{net}_j} = -\eta \frac{\partial E}{\partial y_j} \frac{\partial y_j}{\partial \text{net}_j} = -\eta \frac{\partial E}{\partial y_j} f'(\text{net}_j) \tag{7-20}$$

接着求式（7-19）和式（7-20）中输出误差对各层输出的偏导。

对输出层，利用式（7-10）可得：

$$\frac{\partial E}{\partial O_k} = -(d_k - O_k) \tag{7-21}$$

对于隐层利用式（7-11）可得：

$$\frac{\partial E}{\partial y_j} = -\sum_{k=1}^{l} (d_k - O_k) f'(\text{net}_k) w_{jk} \tag{7-22}$$

将上面式子代入式（7-19）和式（7-20）中，并结合式（7-8）和式（7-9），得：

$$\begin{aligned} \delta_k^0 &= (d_k - O_k) O_k (1 - O_k) \\ \delta_j^y &= \left[\sum_{k=1}^{l} (d_k - O_k) f'(\text{net}_k) W_{jk} \right] f'(\text{net}_k) \\ &= \left(\sum_{k=1}^{l} \delta_k^0 w_{jk} \right) y_j (1 - y_j) \end{aligned} \tag{7-23}$$

至此，关于两个误差信号的推导已经完成，将式（7-23）代入式（7-17）和式（7-18）得到神经网络权值调整计算公式为：

$$\begin{aligned} \Delta w_{jk} &= \eta \delta_k^0 y_j = \eta (d_k - O_k) O_k (1 - O_k) y_j \\ \Delta v_{jk} &= \eta \delta_j^y x_r = \eta \left(\sum_{k=1}^{l} \delta_k^0 W_{jk} \right) y_j (1 - y_j) x_r \end{aligned} \tag{7-24}$$

7.1.3.3 RBF 神经网络

1963 年 Davis 提出了高维空间的多变量插值理论，而径向基函数技术则是 20 世纪 80 年代后期，Powell 在解决多变量有限点严格（精确）插值问题时引入的。目前径向基函数（RBF）已成为数值分析研究中的一个重要领域。

径向基函数是一个取值仅仅依赖于离原点距离的实值函数，也就是 $\varphi(\boldsymbol{x}) = \varphi(\|\boldsymbol{x}\|)$，或者还可以是到任意一点 c 的距离，c 点称为中心点，也就是 $\varphi(\boldsymbol{x}, c) = \varphi(\|\boldsymbol{x} - c\|)$。任意一个满足 $\varphi(\boldsymbol{x}) = \varphi(\|\boldsymbol{x}\|)$ 特性的函数 φ 都叫作径向基函数。

RBF 神经网络的基本思想是从函数到函数的映射，其表现为：

① 用 RBF 作为隐层神经元的“基”构成隐层空间，将输入矢量直接（不通过权映射）映射到隐层空间；

② 当 RBF 的中心点确定后，映射关系也就确定；

③ 隐层空间到输出空间的映射是线性的，其中的权值通过最小二乘法获得；

④ 将低维度映射到高维度，使得线性不可分转化为线性可分。

考虑一个由 N 维输入空间到一维输出空间的映射。设 m 维空间有 n 个输入向量 x_i，$i = 1, 2, \cdots, n$，它们在输出空间相应的目标值为 $y_i, i = 1, 2, \cdots, n$，n 对输入输出样本构成了训练样本集。插值的目的是寻找一个非线性映射函数 $f(\boldsymbol{x})$，使其满足下述插值条件：

$$f(\boldsymbol{x})=y \tag{7-25}$$

式中，函数 f 描述了一个插值曲面，所谓严格插值或精确插值，是一种完全内插，即该插值曲面必须通过所有训练数据点。

采用径向基函数技术解决插值问题的方法是选择 n 个基函数训练数据，各基函数的形式为：

$$\varphi(\|\boldsymbol{x}-\boldsymbol{x}_i\|),\ i=1,2,3,\cdots,n \tag{7-26}$$

式中，基函数 φ 为非线性函数。基函数以输入空间的点 $\boldsymbol{x}$ 与 $\boldsymbol{x}_i$ 中心的距离作为函数的自变量。由于距离是径向同性的，故函数被称为径向基函数。基于径向基函数技术的插值函数定义为基函数的线性组合：

$$F(x)=\sum_{i=1}^{n} w_i\varphi(\|\boldsymbol{x}-\boldsymbol{x}_i\|) \tag{7-27}$$

其中 $\|\boldsymbol{x}-\boldsymbol{x}_i\|$ 是范数，简单来说就是一个圆，在二维平面，$\boldsymbol{x}_i$ 是圆心，$\boldsymbol{x}$ 是数据，这个数据距离圆心的距离和数据的位置及大小无关，只和到圆心的半径有关，况且同一半径圆上的点到圆心的距离是相等的，因此取名为径向，代入映射函数就是径向基函数。

将式（7-25）的插值条件代入式（7-27），得到 n 个关于未知系数 $w_i,i=1,2,\cdots,n$ 的线性方程组：

$$\begin{gathered}\sum_{i=1}^{n} w_i\varphi(\|\boldsymbol{x}_1-\boldsymbol{x}_i\|)=y_1\\ \sum_{i=1}^{n} w_i\varphi(\|\boldsymbol{x}_2-\boldsymbol{x}_i\|)=y_2\\ \vdots\\ \sum_{i=1}^{n} w_i\varphi(\|\boldsymbol{x}_n-\boldsymbol{x}_i\|)=y_n\end{gathered} \tag{7-28}$$

令 $\phi_{ji}=\phi(\|\boldsymbol{x}_j-\boldsymbol{x}_i\|)=y_j, j=1,2,\cdots,n, i=1,2,\cdots,n,$ 则上述方程组可改写为：

$$\begin{bmatrix}\varphi_{11},\varphi_{12},\cdots,\varphi_{1n}\\ \varphi_{21},\varphi_{22},\cdots,\varphi_{2n}\\ \cdots,\cdots,\cdots,\cdots\\ \varphi_{n1},\varphi_{n2},\cdots,\varphi_{nn}\end{bmatrix}\begin{bmatrix}w_1\\ w_2\\ \cdots\\ w_n\end{bmatrix}=\begin{bmatrix}y_1\\ y_2\\ \cdots\\ y_n\end{bmatrix} \tag{7-29}$$

令 $\boldsymbol{\Phi}$ 表示元素 ϕ_{ji} 的 $n\times n$ 阶矩阵，$\boldsymbol{w}$ 和 $\boldsymbol{y}$ 分别表示系数向量和期望输出向量，式（7-29）可以写成下面的向量形式：

$$\boldsymbol{\Phi w}=\boldsymbol{y} \tag{7-30}$$

式中，$\boldsymbol{\Phi}$ 称为插值矩阵，若 $\boldsymbol{\Phi}$ 为可逆矩阵，就可以从式（7-30）中解出系数向量 $\boldsymbol{w}$，即：

$$\boldsymbol{w}=\boldsymbol{\Phi}^{-1}\boldsymbol{y} \tag{7-31}$$

可以看到为了使所有数据都在曲面上，还需要调节系数，此时求出系数向量就求出了整个映射函数了。几个特殊的映射函数如下。

① 高斯径向基函数：

$$\varphi(x)=\mathrm{e}^{-\frac{x^2}{2\delta^2}} \tag{7-32}$$

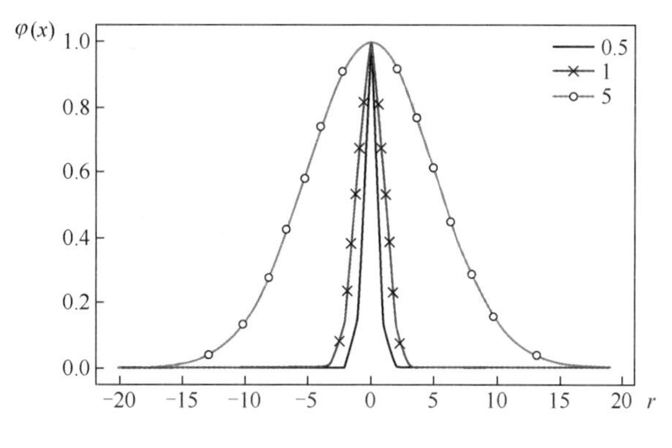

图 7-7　高斯径向基函数

高斯径向基函数中，横轴是到中心的距离，用半径 r 表示，如图 7-7 所示。当距离等于 0 时，径向基函数等于 1，距离越远衰减越快。高斯径向基的参数 δ 被称为到达率或者说函数跌落到零的速度。由图知到达率越小，则半径越窄。

② 反演 Sigmoid 函数：如图 7-8 所示。

$$\varphi(x)=\frac{1}{1+\mathrm{e}^{\left(\frac{x^2}{\delta^2}\right)}} \tag{7-33}$$

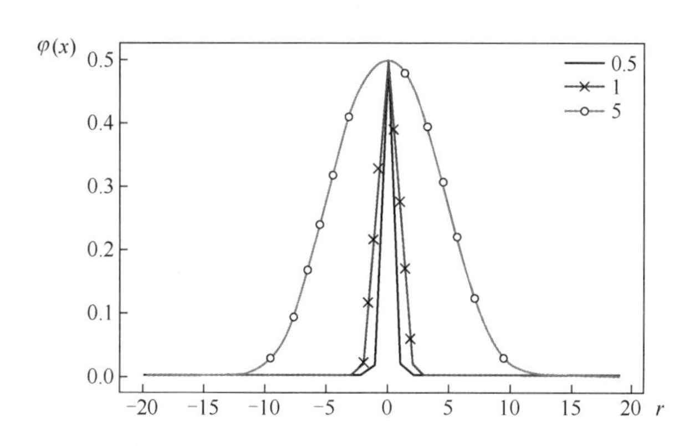

图 7-8　反演 Sigmoid 函数

和高斯径向基函数类似，只是极值为 0.5。

③ 拟多项式二次函数：如图 7-9 所示。

$$\varphi(x)=\frac{1}{(x^2+\delta^2)^{\frac{1}{2}}} \tag{7-34}$$

径向基神经网络的结构如图 7-10 所示。其特点是：网络具有 m 个输入节点，n 个隐节点，l 个输出节点；网络的隐节点数等于输入样本数，隐节点的激活函数常用高斯径向基函数，并将所有输入样本设为径向基函数的中心，各径向基函数取统一的扩展常数。

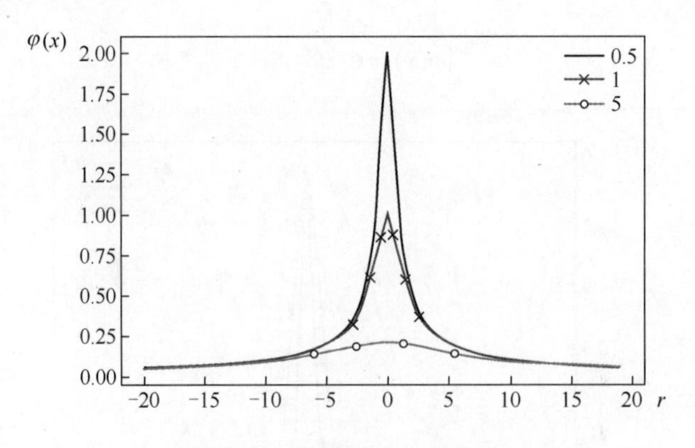

图 7-9　拟多项式二次函数

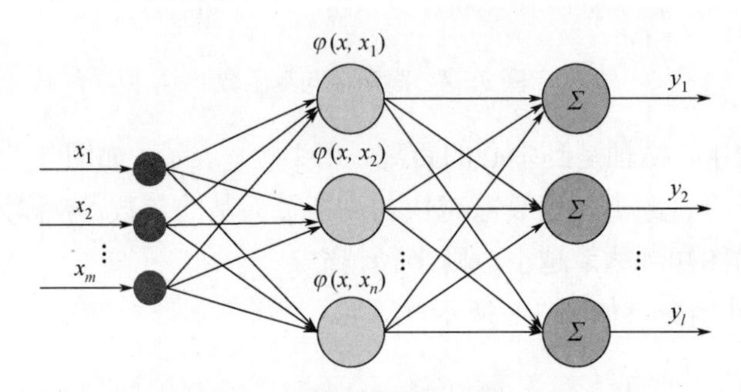

图 7-10　径向基神经网络结构图

设输入层节点用 i 表示，隐层节点用 j 表示，输出层节点用 k 表示。对各层的数学描述如下。

输入向量：

$$\boldsymbol{X}=(\boldsymbol{x}_1,\boldsymbol{x}_2,\cdots,\boldsymbol{x}_m)^{\mathrm{T}} \tag{7-35}$$

任一隐层节点的激活函数：

$$\varphi_j(\boldsymbol{X}), j=1,2,\cdots,n \tag{7-36}$$

输出权矩阵：$\boldsymbol{W}$，其中 $w_{jk}(j=1,2,\cdots,n;\ k=1,2,\cdots,l)$ 为隐层的第 j 个节点与输出层第 k 个节点间的权值。

输出向量：

$$\boldsymbol{y}=(y_1,y_2,\cdots,y_l) \tag{7-37}$$

输出层神经元采用线性激活函数。

当输入训练集中的某个样本为 $\boldsymbol{x}$ 时，对应的期望输出 $\boldsymbol{y}$ 就是教师信号。为了确定网络隐层到输出层之间的 n 个权值，需要将训练集中的样本逐一输入一遍，从而可得到相应的方程组。网络的权值确定后，对训练集的样本实现了完全内插，即对所有样本误差为 0。而对非训练集的输入模式，网络的输出值相当于函数的内插，因此径向基函数网络可用作函数逼近。

径向神经网络具有以下三个特点。

① 径向神经网络是一种通用逼近器，只要有足够的节点，它可以以任意精度逼近任意多元连续函数。

② 具有最佳逼近特性，即任给一个未知的非线性函数 f，总可以找到一组权值使得径

向神经网络对于 f 的逼近优于所有其他可能的选择。

③ 径向神经网络得到的解是最佳的，所谓“最佳”体现在同时满足对样本的逼近误差最小和逼近曲线的平滑性。

当采用径向神经网络时，隐层节点数即样本数，基函数的数据中心即为样本本身，只需考虑扩展常数和输出节点的权值。径向基函数的扩展常数可根据数据中心的散布而确定，为了避免每个径向基函数太尖或太平，一种选择方法是将所有径向基函数的扩展常数设为：

$$\delta = \frac{d_{\max}}{\sqrt{2n}} \tag{7-38}$$

式中，$d_{\max}$ 是样本之间的最大距离；n 是样本的数目。

径向神经网络要求所有样本对应一个隐层神经元，所带来的问题是计算量很大。当样本成千上万则计算量急剧增加，样本量很大随之会带来病态方程组问题，即样本小的偏差引起权值的剧烈变化。

7.2 深度学习

深度学习作为机器学习算法研究中的一种新技术，其动机在于建立模拟人脑进行分析学习的神经网络。深度学习是目前最成功的表示学习方法，因此，目前国际表示学习大会（ICLR）的绝大部分论文都是关于深度学习的。深度学习是把表示学习的任务划分成几个小目标，先从数据的原始形式中学习比较低级的表示，再从低级表示学得比较高级的表示。这样，每个小目标都比较容易达到，综合起来就完成了表示学习的任务。

7.2.1 卷积神经网络

卷积神经网络（convolutional neural networks, CNN）是一类包含卷积运算且具有深度结构的前馈神经网络。相比早期的 BP 神经网络，其最重要的特性在于“局部感知”与“参数共享”。作为计算机视觉领域最有影响力的创造之一，图像处理的过程最适合引入卷积神经网络。

如图 7-11 所示，一个完整的卷积神经网络包含卷积层、池化层、全连接层等。其中卷积层用来进行特征提取，池化层用于降低维数，全连接层用于结果预测。

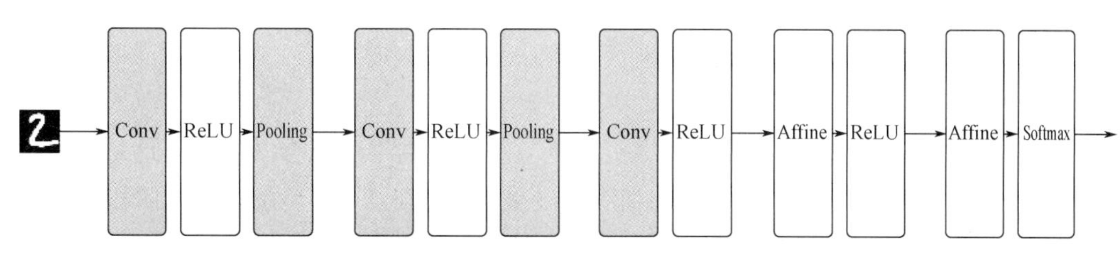

图 7-11　卷积神经网络示例

（1）卷积层

卷积层通常应用于二维输入（也可以用于向量和三维输入），该层基于一个内核 k 与二维输入（可以是另一个卷积层的输出）的离散卷积：

$$Z(i,j)=k*Y=\sum_{m}\sum_{n}k(m,n)Y(i+m,j+n) \tag{7-39}$$

层通常由 n 个固定大小的内核组成，它们的值被认为是使用反向传播算法学习的权重。在大多数情况下，卷积结构从几个较大的内核（例如，16 个 8×8 的内核）的层开始，并将其输出提供给具有较大数目的较小内核（32 个 5×5 的内核，128 个 4×4 的内核和 256 个 3×3 的内核）的其他层。以这种方式，第一层应该学会捕获更多的通用特征，而下面的那些将被训练来捕获越来越小的特征元素。最后一个卷积层的输出通常被平坦化（变换为 1 维向量），并用作一个或多个全连接层的输入。

图 7-12 是一幅关于图片卷积的示意图。

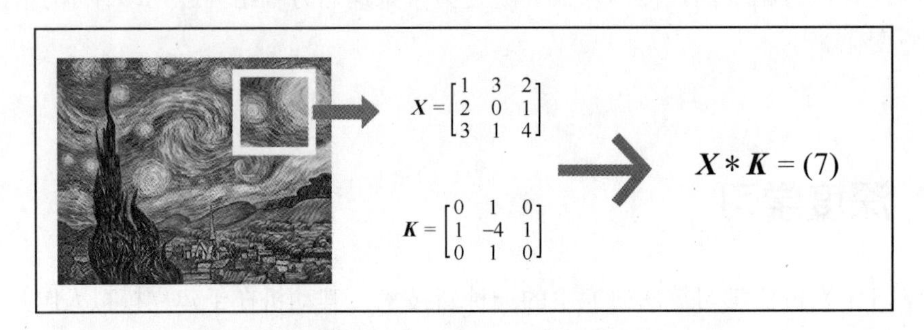

图 7-12　3×3 的卷积核示例

在图 7-12 的核中，表示每个 3×3 像素的方阵与拉普拉斯内核进行卷积并转换为单个值，即对应于相对于中心的上下左右像素的和减去中心点的值的 4 倍。

（2）池化层

当卷积数非常大时，为了减少复杂性，可以采用一个或多个池化层，它们的任务是使用预定义的策略将每组输入点（图像中的像素）变换为单个值。最常见的池化层如下。

① 最大池化：（m×n）像素的每个二维组被转换为组中最大值的单个像素。

② 平均池化：（m×n）像素的每个二维组被转换为单个像素，其值是组的平均值。

以这种方式，原始矩阵的维度可能随着信息的丢失而减少，但丢失的信息通常可以被忽略（特别是在特征粒度粗糙的第一层中）。池化层为小的解释提供了中等的鲁棒性，从而提高了网络的泛化能力。

另一个重要的层是零填充层。它们在一维输入的前后或在二维输入的上下左右添加零值（0）。

（3）丢弃层

丢弃层通过随机设置固定数量的输入元素为 0 来防止网络过拟合（通常，这是通过将元素设置为无效的概率来实现的）。该层在训练阶段采用，但在测试、验证和使用阶段通常会被停用。含有丢失层的网络可以有更高的学习率，在损失函数的不同方向移动，因为将隐层中的几个输入随机设置为零等同于训练不同的子模型。同时，该网络可以排除无法优化的误差区域。丢弃层在非常大的模型中是非常有用的，它增加了整体性能，并降低了冻结某些权重和模型过拟合的风险。对该层的简单解释是基于这样的想法：给定丢弃的随机性，每批将用于训练容量较低的特定子网（因此不太会产生过度拟合）。随着该过程重复多次，整个网络被迫使其行为适应单个因素的重叠，这可能会专门针对特定的训练样本子集。这样，该层减轻了训练次数的负面影响，从而使得整个网络无法通过增加其差异来避免过度拟合。

（4）批量标准化层

当网络非常复杂时，可以观察到整个网络中批次的平均值和标准偏差的逐步修改，这种现象称为协变量偏移，导致训练速度方面的性能损失。批量标准化层负责校正每批的统计参数，通常插入在标准层之后。类似于丢弃层，批量标准化层仅在训练期间操作，在这种情况下，模型将应用预测期间针对所有样本计算的标准化。作为次要效果，批量标准化层提供正则化效应，其防止模型过度拟合（或至少降低效果）。因此，经常使用它们代替丢弃层，以便在提高收敛速度的同时充分利用模型的容量。

（5）全连接层

全连接层（有时称为密集层）由 n 个神经元组成，并且每个神经元都接收来自上一层的所有输出值。它可以通过权重矩阵、偏置向量和激活函数来表征：

$$\boldsymbol{y}=f(\boldsymbol{wx}+\boldsymbol{b}) \tag{7-40}$$

全连接层中必须包含非线性激活函数（例如 sigmoid、双曲正切或 ReLU）。在复杂的体系结构中，它们通常用作中间层或输出层，特别是当需要表示概率分布时。例如，可以采用深层结构用于具有 m 个输出类的图像分类。在这种情况下，softmax 激活函数允许有一个输出向量，这个输出向量中的每个元素都是一个类别的概率（所有输出的和总是归一化为 1.0）。在这种情况下，该参数被认为是 $\log it$ 或一个概率的对数：

$$\log it_i(p)=\log\left(\frac{p}{1-p}\right)=\boldsymbol{w}_i\boldsymbol{x}+b_i \tag{7-41}$$

$\boldsymbol{w}_i$ 是 $\boldsymbol{w}$ 的第 i 行。通过对每个 logit 应用 softmax 函数获得类 y_i 的概率：

$$P(y_i)=\operatorname{soft}\max(\log it_i)=\frac{\mathrm{e}^{\log it_i}}{\sum_j \mathrm{e}^{\log it_j}} \tag{7-42}$$

这种类型的输出可以容易地使用交叉熵损失函数进行训练。

7.2.2 循环神经网络

在传统的前馈神经网络中，从输入层到隐层再到输出层，同一层的节点之间是无连接的。前馈神经网络只从输入节点接收信息，它只能对输入空间进行操作，对不同时间序列的输入没有“记忆”。在前馈神经网络中，信息只能从输入层流向隐层，再流向输出层。而现实中，绝大多数的数据都是序列数据，比如音频、视频、文本等，都存在时间线，想要挖掘数据中的序列信息和语义信息，就需要神经网络有更加特殊的结构，比如对于序列信息每一时刻的信息记忆能力。循环神经网络（recurrent neural network，RNN）应运而生。

7.2.2.1 RNN

循环神经网络相对于普通的全连接神经网络，其隐层多了一个信息记忆功能，即每一时刻隐层的输入不仅是输入层的输出，还包含上一时刻隐层的输出。不仅能对输入空间进行操作，还能对内部状态空间进行操作，它的结构如图 7-13 所示。

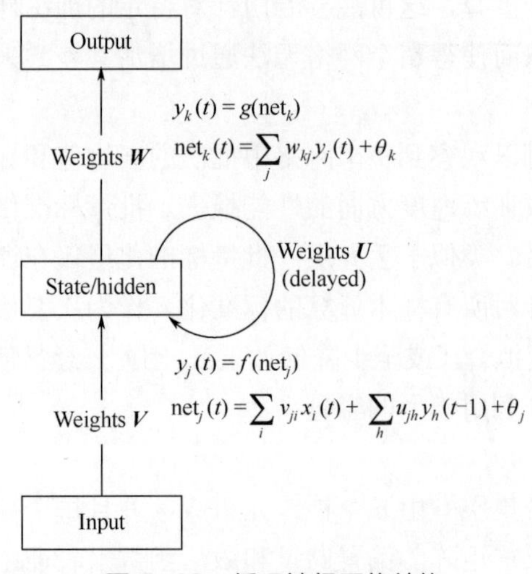

图 7-13　循环神经网络结构

RNN 的隐层多了一条连向自己的边。因此，它的输入不仅包括输入层的数据，还包括了来自上一时刻的隐层的输出。

网络单元展开如图 7-14 所示。

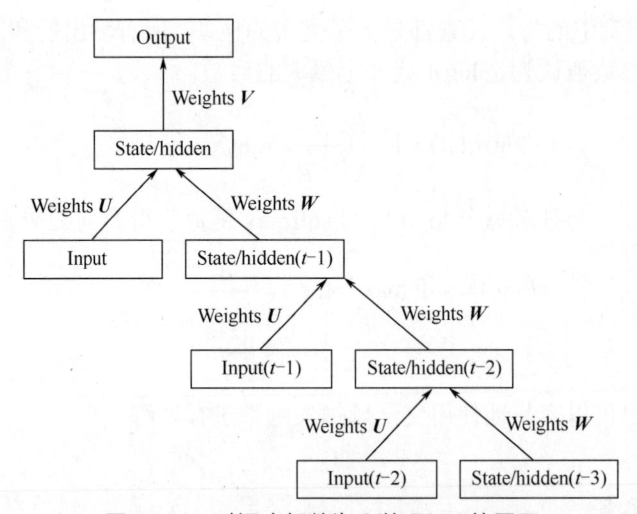

图 7-14　时间步长数为 3 的 RNN 的展开

图 7-14 中表示的是时间步长数为 3 的 RNN 的展开。一般地，时间步长为 T 的 RNN 展开后将含有 T 个隐层，T 可以是任意的。当 T 为 1 时，RNN 退化为一个普通的前馈神经网络。将 RNN 展开之后，就可以使用与训练前馈神经网络类似的方法进行训练。有一点需要注意的是，在展开的 RNN 图中，每一层隐层实际上都是同一个 RNN 单元，图中只是表示在不同时刻的副本。

在 RNN 中，x 是输入，h 是隐层单元，o 为输出，L 为损失函数，y 为训练集的标签。这些元素右上角带的 t 代表 t 时刻的状态，其中需要注意的是，隐层单元 h 在 t 时刻的表现不仅由此刻的输入决定，还受 t 时刻之前时刻的影响。V、W、U 是权值，同一类型的权连接权值相同。

前向传播算法其实非常简单，对于t时刻，隐层单元为：

$$h^{(t)}=f(Ux^{(t)}+Wh^{(t-1)}+b) \tag{7-43}$$

式中，f为激活函数，如sigmoid、tanh等；b为偏置。

t时刻的输出为：

$$o^{(t)}=Vh^{(t)}+c \tag{7-44}$$

BPTT（back-propagation through time）算法是训练RNN的常用方法，其本质还是BP算法，只不过RNN处理时间序列数据，所以要基于时间反向传播，故称为随时间反向传播。BPTT的中心思想和BP算法相同，沿着需要优化参数的负梯度方向不断寻找更优的点直至收敛。

需要寻优的参数有三个，分别是U、V、W。与BP算法不同的是，其中W和U两个参数的寻优过程需要追溯之前的历史数据，参数V相对简单。首先求解参数V的偏导数。

$$\frac{\partial L^{(t)}}{\partial V}=\frac{\partial L^{(t)}}{\partial o^{(t)}}\frac{\partial o^{(t)}}{\partial V} \tag{7-45}$$

RNN的损失也是会随着时间累加的，所以需要求出所有时刻的偏导然后求和：

$$L=\sum_{T=1}^{n}L^{(T)} \tag{7-46}$$

$$\frac{\partial L}{\partial V}=\sum_{T=1}^{n}\frac{\partial L^{(T)}}{\partial o^{(T)}}\frac{\partial o^{(T)}}{\partial V} \tag{7-47}$$

W和U的偏导的求解由于需要涉及历史数据，计算相对复杂。假设只有3个时刻，那么在第3个时刻L对W的偏导数为：

$$\frac{\partial L^{(3)}}{\partial W}=\frac{\partial L^{(3)}}{\partial o^{(3)}}\frac{\partial o^{(3)}}{\partial h^{(3)}}\frac{\partial h^{(3)}}{\partial W}+\frac{\partial L^{(3)}}{\partial o^{(3)}}\frac{\partial o^{(3)}}{\partial h^{(3)}}\frac{\partial h^{(3)}}{\partial h^{(2)}}\frac{\partial h^{(2)}}{\partial W}+\frac{\partial L^{(3)}}{\partial o^{(3)}}\frac{\partial o^{(3)}}{\partial h^{(3)}}\frac{\partial h^{(3)}}{\partial h^{(2)}}\frac{\partial h^{(2)}}{\partial h^{(1)}}\frac{\partial h^{(1)}}{\partial W} \tag{7-48}$$

同理，对U的偏导为：

$$\frac{\partial L^{(3)}}{\partial U}=\frac{\partial L^{(3)}}{\partial o^{(3)}}\frac{\partial o^{(3)}}{\partial h^{(3)}}\frac{\partial h^{(3)}}{\partial U}+\frac{\partial L^{(3)}}{\partial o^{(3)}}\frac{\partial o^{(3)}}{\partial h^{(3)}}\frac{\partial h^{(3)}}{\partial h^{(2)}}\frac{\partial h^{(2)}}{\partial U}+\frac{\partial L^{(3)}}{\partial o^{(3)}}\frac{\partial o^{(3)}}{\partial h^{(3)}}\frac{\partial h^{(3)}}{\partial h^{(2)}}\frac{\partial h^{(2)}}{\partial h^{(1)}}\frac{\partial h^{(1)}}{\partial U} \tag{7-49}$$

与V相同，对W或U的整体偏导，也是将所有t时刻的偏导相加。

激活函数是嵌套在里面的，如果把激活函数放进去，拿出中间累乘的那部分：

$$\prod_{i=k+1}^{T}\frac{\partial h^{(i)}}{\partial h^{(i-1)}}=\prod_{i=k+1}^{T}\tanh'\cdot W \tag{7-50}$$

或

$$\prod_{i=k+1}^{T}\frac{\partial h^{(i)}}{\partial h^{(i-1)}}=\prod_{i=k+1}^{T}\text{sigmoid}'\cdot W \tag{7-51}$$

上式中，累乘会导致激活函数导数和权重矩阵的直接累乘，进而会导致“梯度消失”和“梯度爆炸”现象的发生。

大多数激活函数（sigmoid、tanh）取值在0～1之间，导数最大都不大于1。累乘的过程中，随着时间序列的不断深入，小数的累乘就会导致梯度越来越小直到接近于0，这就是“梯度消失”现象；同理，由于权重矩阵的累乘，可能会导致“梯度爆炸”的发生。为解决这一问题，对 RNN 网络结构进行改变，LSTM 因此诞生。

7.2.2.2 LSTM

长短时记忆网络（LSTM）是一种特殊的网络，它可以用一些特殊的门来捕获长时间依赖的序列。通常，一个典型的 LSTM 单元由三个门和一个存储单元组成，如图 7-15 所示。这些门从左到右依次是遗忘门、输入门和输出门。

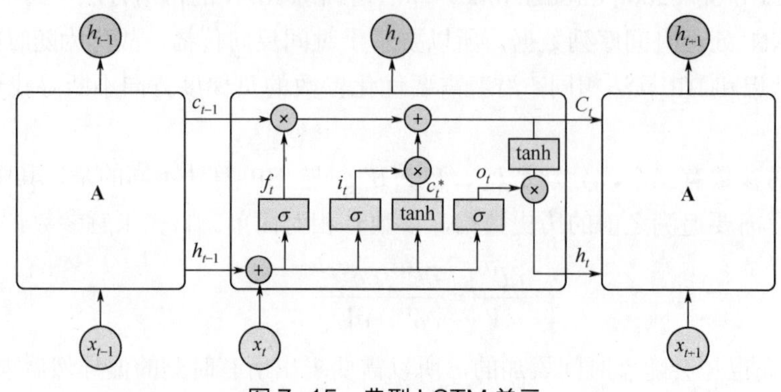

图 7-15 典型 LSTM 单元

在一个 LSTM 单元中，当前时刻的输入 x_t 和上一时刻的输出 $\boldsymbol{h}_{t-1}$ 合并为该单元的输入 $[\boldsymbol{h}_{t-1},\boldsymbol{x}_t]$。遗忘门、输入门、输出门和存储单元中的计算可以用式（7-52）表示：

$$\begin{bmatrix}\boldsymbol{f}_t\\ \boldsymbol{i}_t\\ \boldsymbol{c}_t^*\\ \boldsymbol{o}_t\end{bmatrix}=\begin{bmatrix}\sigma\\ \sigma\\ \tanh\\ \sigma\end{bmatrix}\left[\begin{bmatrix}\boldsymbol{W}_f & \boldsymbol{b}_f\\ \boldsymbol{W}_i & \boldsymbol{b}_i\\ \boldsymbol{W}_c & \boldsymbol{b}_c\\ \boldsymbol{W}_o & \boldsymbol{b}_o\end{bmatrix}\begin{bmatrix}\boldsymbol{h}_{t-1}\\ \boldsymbol{x}_t\end{bmatrix}\right]$$

$$\boldsymbol{c}_t=\boldsymbol{f}_t\odot\boldsymbol{c}_{t-1}+\boldsymbol{i}_t\odot\boldsymbol{c}_t^* \tag{7-52}$$

$$\boldsymbol{h}_t=\boldsymbol{o}_t\odot\tanh(\boldsymbol{c}_t)$$

式中，$\boldsymbol{f}_t$ 代表遗忘门；σ 表示 sigmoid 激活函数；$\boldsymbol{W}_f$ 和 $\boldsymbol{b}_f$ 是遗忘门的权重和偏置项。当输入信息通过遗忘门时，sigmoid 函数的值决定它被丢弃或保留。当 sigmoid 函数的值为 0 时，将丢弃输入信息，而当值为 1 时，则保留输入信息。也就是说，输入数据通过遗忘门进行过滤。$\boldsymbol{i}_t$ 代表输入门，和候选值 $\boldsymbol{c}_t^*$ 一起用于更新单元状态。换句话说，输入门决定在单元状态下需要存储什么样的信息。$\boldsymbol{W}_i$ 是输入门的权重，$\boldsymbol{b}_i$ 是偏移项，$\boldsymbol{W}_c$ 是候选值的权重，$\boldsymbol{b}_c$ 是候选值的偏移项。tanh 是另一个激活函数，用于生成新的候选向量。输出门 $\boldsymbol{o}_t$ 用于确定如何使用网络的存储单元 $\boldsymbol{c}_t$ 和当前时刻的输出 $\boldsymbol{o}_t$ 生成输出 $\boldsymbol{h}_t$。在基本 LSTM 单元中，输入单元 $\boldsymbol{i}_t$ 和候选值 $\boldsymbol{c}_t^*$ 将更新单元的状态 $\boldsymbol{c}_{t-1}$，作为下一层单元状态。

LSTM 单元具有的三个门和一个存储单元，可以自适应地遗忘、记忆和输出记忆内容。当存储器内容被认为不重要时，遗忘门将打开以重置存储器。相反，遗忘门将为零，这使得存储内容跨越多个时间步。这两种模式将同时发生在不同的 LSTM 单元中，因此将捕获快移动和慢移动的分量。

7.3 编程实践

7.3.1 基于神经网络的双螺旋数据分类

本次使用到的数据集是嵌套的两个螺旋，每个螺旋的 500 个点属于同一类。数据集的图形如图 7-16 所示。

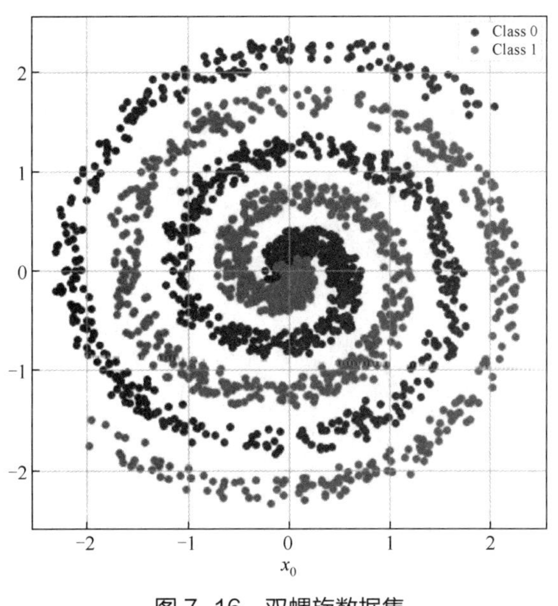

图 7-16 双螺旋数据集

图 7-16 彩图

基于神经网络的双螺旋数据分类

生成数据集的过程如下：

```
import numpy as np
from sklearn.preprocessing import StandardScaler
from sklearn.utils import shuffle

nb_samples = 1000
X = np.zeros(shape=(nb_samples, 2), dtype=np.float32) Y =
np.zeros(shape=(nb_samples,), dtype=np.float32)
t = 15.0 * np.random.uniform(0.0, 1.0, size=(int(nb_samples / 2), 1))
X[0:int(nb_samples / 2), :] = t * np.hstack([-np.cos(t), np.sin(t)]) + \
np.random.uniform(0.0, 1.8,
size=(int(nb_samples / 2), 2))
Y[0:int(nb_samples / 2)] = 0
X[int(nb_samples / 2):, :] = t * np.hstack([np.cos(t), -np.sin(t)]) + \
np.random.uniform(0.0, 1.8,
size=(int(nb_samples / 2), 2))
Y[int(nb_samples / 2):] = 1
ss = StandardScaler()
X = ss.fit_transform(X)
X, Y = shuffle(X, Y, random_state=1000)
```

生成后，使用 StandardScaler 类对数据集进行标准化有助于实现零均值和单位方差。很明显两类样本是非线性可分的，同时螺旋嵌套并且距离中心的距离变得越来越大，需要更复杂的分类器来找到分离超曲面。读者可以尝试使用逻辑回归进行样本的分类：

```
import numpy as np
from sklearn.linear_model import LogisticRegression
from sklearn.model_selection import cross_val_score
lr = LogisticRegression(penalty='l2', C=0.01, random_state=1000)
print(np.mean(cross_val_score(lr, X, Y, cv=10)))
0.5694999999999999
```

可以看出，平均交叉验证的得分略高于 0.5，基本上属于纯随机的分类。分类的直线如图 7-17 所示。

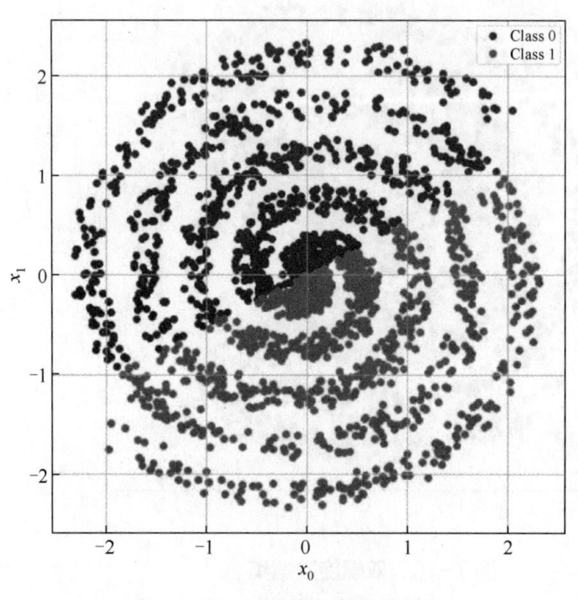

图 7-17 彩图

图 7-17　逻辑回归的分类结果

尝试使用 Keras 建模的多层感知器网络来解决问题。Keras 是一个高层的深度学习框架，可与 TensorFlow、Theano 和 Microsoft Cognitive Toolkit（CNTK）等底层的深度学习后端无缝连接。在 Keras 中，模型由相关联的一组层组成，其中每个层的输出被反馈到下一层，直到到达最后一层，对损失函数进行评估。

模型的通用结构如下：

```
from keras.models import Sequential
model = Sequential()
model.add(...)
model.add(...)
...
model.add(...)
```

Sequential 类定义了一个通用的空序列模型，它已经实现了添加层所需的所有方法，根据底层框架编译模型（即将高层描述转换为与底层后端兼容的一组命令），在给定输入的情况下拟合和评估模型并预测输出。常见的层包括：

① 密集层（标准 MLP 层）、丢弃层和扁平（Flatten）层；

② 卷积层（1D、2D 和 3D）；

③ 池化层；

④ 零填充层；

⑤ 循环神经网络层（RNN）。

模型编译时，可以选择几个损失函数中的一个（例如均方误差或交叉熵）和普通的 SGD 优化算法（例如 RMSProp 或 Adam）。

了解了 keras 后，开始第一步定义结构：

```
from keras.models import Sequential
from keras.layers import Dense, Activation
model = Sequential()
model.add(Dense(64, input_dim=2))
model.add(Activation('relu'))
model.add(Dense(32))
model.add(Activation('relu'))
model.add(Dense(16))
model.add(Activation('relu'))
model.add(Dense(2))
model.add(Activation('softmax'))
```

声明新的 Sequential 模型后，开始添加层。在这种情况下，选择的配置是：

① 输入层有 64 个神经元；

② 第一个隐层有 32 个神经元；

③ 第二个隐层有 16 个神经元；

④ 输出层有 2 个神经元。

所有层都是 Dense 类的实例，它们代表完全连接的标准 MLP 层。在 Keras 的第一层中指定输入形状，使用 input_shape 参数，或当样本给定维数时使用 input_dim 参数。当前数据集为(2000, 2)，样本的维数为 2，所以使用第二个选项。前三层的激活函数（表示为基于 Activation 类的附加层）是非常常见的修正线性单元（ReLU），其定义如下：

$$f_{\mathrm{ReLU}}(x)=\max(0,x) \tag{7-53}$$

这个函数的主要优点是虽然它是非线性的，但具有 $x>0$ 的恒定梯度，因而不会出现收敛速度受饱和度的影响而使得梯度接近于 0 的情况。输出的激活函数为 softmax 函数（表示概率分布），在值为 n 时，该激活函数定义为：

$$f_{\mathrm{soft\,max}}=\left(\frac{\mathrm{e}^{z_1}}{\sum_{i=1}^{n}\mathrm{e}^{z_i}},\frac{\mathrm{e}^{z_2}}{\sum_{i=1}^{n}\mathrm{e}^{z_i}},\cdots,\frac{\mathrm{e}^{z_n}}{\sum_{i=1}^{n}\mathrm{e}^{z_i}}\right) \tag{7-54}$$

该函数可以使用交叉熵损失来管理多类问题。

定义模型后，对其进行编译，以便 Keras 将描述转换为与底层后端兼容的计算图：

```
    model.compile(optimizer='adam', loss='categorical_crossentropy',
metrics=['accuracy'])
```

Keras 会将高层描述转换为底层操作，添加了损失函数 categorical_crossentropy，优化器采用 adam 优化器。此外，使用准确度指标（accuracy）来动态评估性能。

下一步需要准备数据来训练模型参数，即将数据集拆分为训练集和测试集，同时将

one-hot 编码应用于整数标签。真实标签采用(1,0)和(0,1)形式，意味着第一类和第二类的概率分别为 1，与前面的损失函数采用交叉熵损失对应。代码如下：

```
    from sklearn.model_selection import train_test_split
    from keras.utils import to_categorical
    X_train, X_test, Y_train, Y_test = train_test_split(X, to_categorical(Y),
test_size=0.2, random_state=1000)
```

下面开始训练过程，采用 fit()方法，用 32 个数据点组成批次进行训练，并持续 100 个周期：

```
    model.fit(X_train, Y_train, epochs=100, batch_size=32,
validation_data=(X_test, Y_test))
```

在训练过程结束时，验证数据集的准确度约为 98%，这意味着分类器几乎能够将两个类分开。结果如图 7-18 所示。

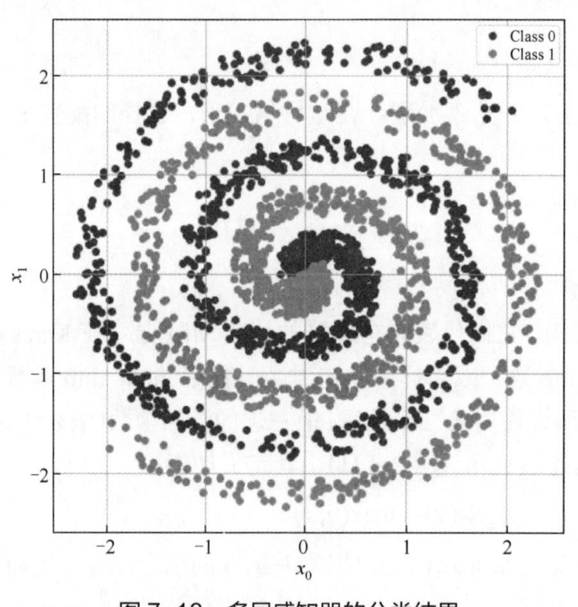

图 7-18　多层感知器的分类结果

图 7-18 彩图

从图 7-18 中可以看出，错误分类仅涉及几个噪声点，而大多数样本都正确分配给了原始的类别。

7.3.2　手写数字识别

在这个示例中将使用 Keras 和原始的 MNIST 手写数字数据集（通过 Keras 函数提供）来实现一个完整的深度卷积网络。MNIST 手写数字数据集中，60000 张灰度为 28×28 的图像用于训练，10000 张图像用于测试模型。图 7-19 显示了一个示例。

图 7-19　从原始 MNIST 数据集中提取的样本

手写数字识别程序

第一步是加载和规范化数据集，这样每个样本都包含 0～1 之间的值：

```
    from keras.datasets import mnist
    (X_train, Y_train), (X_test, Y_test) = mnist.load_data()
    width = height = X_train.shape[1]
    X_train = X_train.reshape((X_train.shape[0], width, height, 1)).
astype(np.float32) / 255.0
    X_test = X_test.reshape((X_test.shape[0], width, height, 1)).
astype(np.float32) / 255.0
```

利用 to_categorical()函数获取标签，训练具有分类交叉熵损失的模型：

```
from keras.utils import to_categorical

Y_train = to_categorical(Y_train, num_classes=10)
Y_test = to_categorical(Y_test, num_classes=10)
```

网络设置如下：

① 丢弃层（$p=0.25$）；

② 二维卷积层（16 个 3×3 卷积核、ReLU 激活函数）；

③ 丢弃层（$p=0.5$）；

④ 二维卷积层（16 个 3×3 卷积核、ReLU 激活函数）；

⑤ 丢弃层（$p=0.5$）；

⑥ 二维平均池化层（2×2 个像素区域）；

⑦ 二维卷积层（32 个 3×3 卷积核、ReLU 激活函数）；

⑧ 二维平均池化层（2×2 个像素区域）；

⑨ 二维卷积层（64 个 3×3 卷积核、ReLU 激活函数）；

⑩ 丢弃层（$p=0.5$）；

⑪ 二维平均池化层（2×2 个像素区域）；

⑫ Flatten 层（需要将多维输出转换为 1 维矢量）；

⑬ 全连接层（具有 512 个 ReLU 神经元）；

⑭ 丢弃层（$p=0.5$）；

⑮ 全连接层（10 个 softmax 神经元）。

模型实现过程如下：

```
    from keras.models import Sequential
    from keras.layers import Dense, Activation, Dropout, Conv2D, AveragePooling2D,
Flatten
    model = Sequential()
    model.add(Dropout(0.25, input_shape=(width, height, 1), seed=1000))
    model.add(Conv2D(16, kernel_size=(3, 3), padding='same'))
    model.add(Activation('relu'))
    model.add(Dropout(0.5, seed=1000))
    model.add(Conv2D(16, kernel_size=(3, 3), padding='same'))
    model.add(Activation('relu'))
    model.add(Dropout(0.5, seed=1000))
    model.add(AveragePooling2D(pool_size=(2, 2), padding='same'))
    model.add(Conv2D(32, kernel_size=(3, 3), padding='same'))
    model.add(Activation('relu'))
```

```
model.add(AveragePooling2D(pool_size=(2, 2), padding='same'))
model.add(Conv2D(64, kernel_size=(3, 3), padding='same'))
model.add(Activation('relu'))
model.add(Dropout(0.5, seed=1000))
model.add(AveragePooling2D(pool_size=(2, 2), padding='same'))
model.add(Flatten())
model.add(Dense(512))
model.add(Activation('relu'))
model.add(Dropout(0.5, seed=1000))
model.add(Dense(10))
model.add(Activation('softmax'))
```

下一步是编译模型。选择学习率为 lr = 0.001 的 Adam 优化器。decay 参数根据以下公式对学习率进行逐步递减：

$$\eta^{(t+1)} = \frac{\eta^{(t)}}{1+\text{decay}} \tag{7-55}$$

在第一次迭代期间，权值更新加强，当接近最小值时，权值变得越来越小，从而可以进行更精确的调整（微调）：

```
from keras.optimizers import Adam
model.compile(optimizer=Adam(lr=0.001,decay=1e-5),loss='categorica
l_crossentropy', metrics=['accuracy'])
```

模型编译完成后，开始进行训练，设置 epochs = 200，batch_size = 256：

```
history = model.fit(X_train, Y_train, epochs=200, batch_size=256,
validation_data=(X_test, Y_test))
```

最终验证的准确率约为 99.5%，考虑到许多样本非常相似，这是完全可以接受的。最终的验证损失证实了学习的分布与数据生成过程几乎相同，假设测试样本是由不同的人写的真实数字，该模型能够正确泛化。

在训练过程中，训练和验证损失以及准确性的变化如图 7-20 所示。

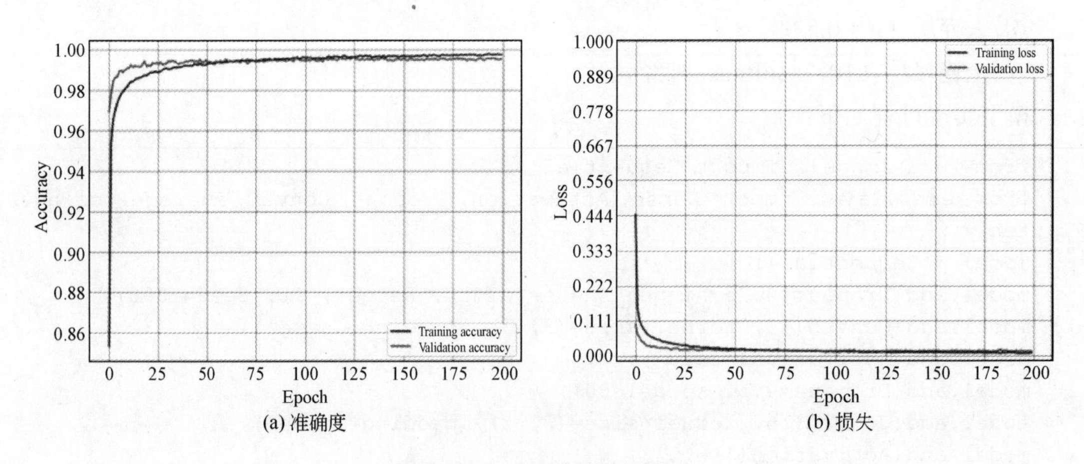

图 7-20 准确度图和损失图

如图 7-20 所示，模型很早就达到了最好的精度，并没有必要非训练达到 200 次。丢弃层阻止了模型过度拟合。事实上，损失函数持续减少，最后几乎保持不变。

7.3.3　地球温度预测

地球温度预测程序

本例选择国际气候组织（GCAG）提供的地球平均温度异常数据集（每月收集），采用 LSTM 进行建模。

第一步是下载和准备数据集：

```
from datapackage import Package
package =
Package('https://datahub.io/core/global-temp/datapackage.json')
for resource in package.resources:
if resource.descriptor['datahub']['type'] == 'derived/csv':
data = resource.read()
data_gcag = data[0:len(data):2][::-1]
```

由于数据集包含两个交错的序列（由不同的组织收集），我们只选择了第一个并将其颠倒过来，按日期升序排列。data_gcag 列表的每个元素包含三个值：源、时间戳和实际温度异常。我们只对最后一个感兴趣，所以需要提取列。此外，由于值介于−0.75～1.25 之间，因此使用 MinMaxScaler 类在区间（−1.0,1.0）中对它们进行标准化（可以使用 inverse_transform()函数获取原始值）：

```
from sklearn.preprocessing import MinMaxScaler
Y = np.zeros(shape=(len(data_gcag), 1), dtype=np.float32)
for i, y in enumerate(data_gcag):
       Y[i - 1, 0] = y[2]
mmscaler = MinMaxScaler((-1.0, 1.0))
Y = mmscaler.fit_transform(Y)
```

得到的时间序列（包含 1644 个样本）如图 7-21 所示。

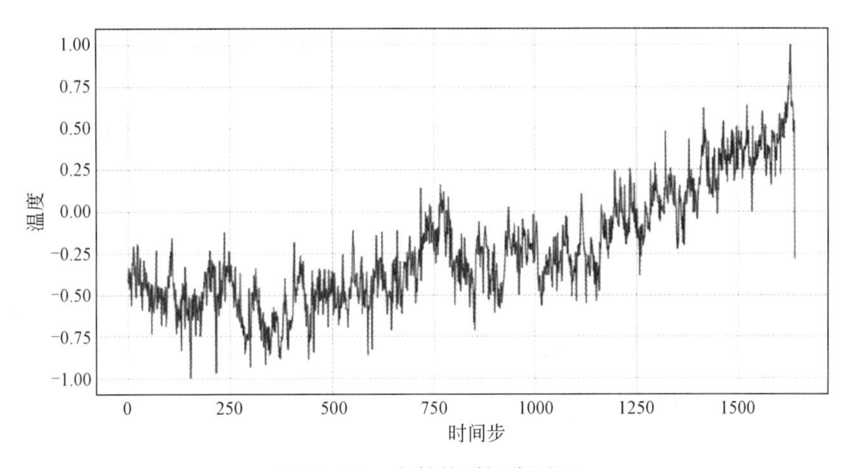

图 7-21　完整的时间序列图

正如观察到的那样，时间序列显示了季节性、高频率的小振荡，以及从时间步长 750 开始的趋势。我们的目标是训练一个能够提取 20 个输入样本并预测后续样本的模型。为了训练模型，需要将序列拆分成一个固定长度的滑动块列表：

```
import numpy as np
nb_samples = 1600
nb_test_samples = 200
```

```
    sequence_length = 20
    X_ts = np.zeros(shape=(nb_samples - sequence_length, sequence_length,
1), dtype=np.float32)
    Y_ts = np.zeros(shape=(nb_samples - sequence_length, 1),
dtype=np.float32)
    for i in range(0, nb_samples - sequence_length):
    X_ts[i] = Y[i:i + sequence_length]
    Y_ts[i] = Y[i + sequence_length]
    X_ts_train = X_ts[0:nb_samples - nb_test_samples, :]
    Y_ts_train = Y_ts[0:nb_samples - nb_test_samples]
    X_ts_test = X_ts[nb_samples - nb_test_samples:, :]
    Y_ts_test = Y_ts[nb_samples - nb_test_samples:]
```

将序列限制为1600个样本（1400个用于训练，最后200个用于验证）。当使用时间序列时，应避免打乱数据次序，以便在整个训练过程中利用LSTM。通过这种方式，我们希望能够更有效地模拟短期和长期依赖关系。下面创建一个包含8个单元的LSTM层和一个线性神经元输出层的网络：

```
    from keras.models import Sequential
    from keras.layers import LSTM, Dense, Activation
    model = Sequential()
    model.add(LSTM(8, stateful=True, batch_input_shape=(20,
sequence_length, 1)))
    model.add(Dense(1))
    model.add(Activation('linear'))
```

设置了stateful = True的属性，因为需要强制LSTM使用与批处理的最后一个样本相对应的内部状态（代表记忆）作为后续批处理的初始状态。通过这个选择，必须提供batch_input_shape函数，其中批大小被声明为数组的第一个元素（其余部分类似于input_shape的内容）。在本例中，选择批大小为20。可以使用均方误差（MSE）损失函数（loss ='mse'）和Adam优化器来编译模型：

```
    from keras.optimizers import Adam
    model.compile(optimizer=Adam(lr=0.001, decay=0.0001), loss='mse',
metrics=['mse'])
```

选择相同的损失函数作为度量函数。下一步是开始训练，设置epochs = 100，batch_size = 20，shuffle = False（当网络为有状态时，需要设置该参数）：

```
    model.fit(X_ts_train, Y_ts_train, batch_size=20, epochs=100, shuffle=False,
validation_data=(X_ts_test, Y_ts_test))
```

最终的MSE为0.010，平均准确度约为95%。为进一步确认，开始绘制训练集和相关的预测结果，如图7-22所示。

如图7-22所示，该模型对训练数据的预测非常准确，并且成功地学习了季节性和局部振荡。现在展示时间序列验证集和相关预测结果（200个样本），如图7-23所示。

在这种情况下，允许有一些不精确预测的情况。然而，这些不精确的预测仅局限于小的局部振荡。正确地预测全局的趋势和季节性（具有最小延迟），证实了LSTM学习短期和长期依赖性的能力。可以用不同的配置重复这个例子，记住当LSTM后跟另一个LSTM层时，第一个必须具有return_sequences = True参数。这样，整个输出序列被反馈到后续的层中。相反，最后一个只输出最后一个值，该值由全连接层进一步处理。

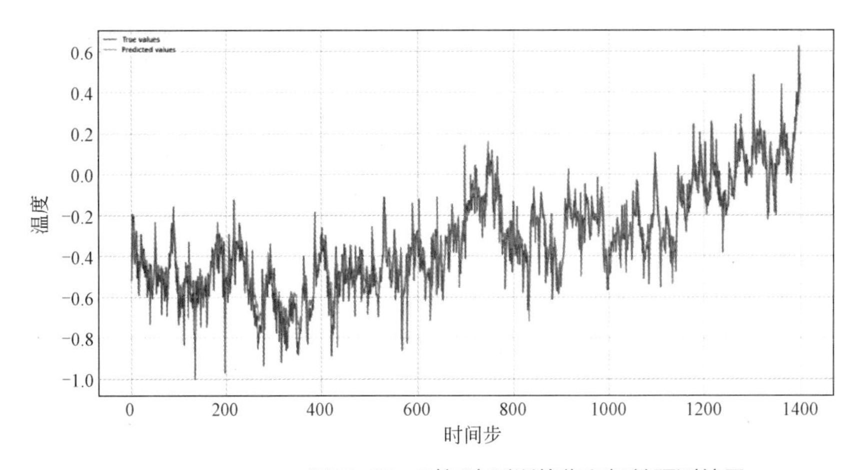

图 7-22 彩图

图 7-22　时间序列训练集和相关预测结果

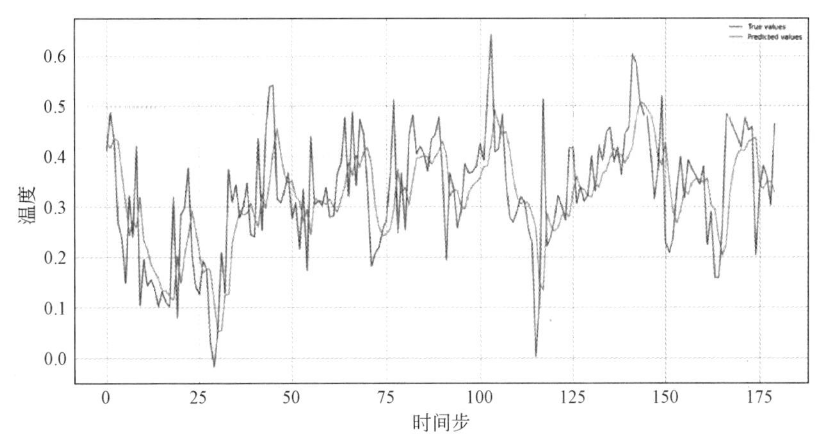

图 7-23 彩图

图 7-23　时间序列验证集和相关预测结果

课后练习

一、正误题

1. 在神经网络的训练中，我们一般将参数全部初始化为 0。(　　)

2. ReLU 函数的输出是非零中心化的，给后一层的神经网络引入偏置偏移，会影响梯度下降的效率。(　　)

3. sigmoid 函数不是关于原点中心对称的，这会导致之后网络层的输出也不是零中心的，进而影响梯度下降运作。tanh 激活函数解决了这个不足。(　　)

4. 一般来说 batch size 越大，其确定的下降方向越不准，引起训练 loss 振荡越大。(　　)

5. RNN 的短期记忆问题是由其梯度消失问题造成的。(　　)

6. LSTM 网络具有三个门，遗忘门、输入门、输出门。(　　)

二、选择题

1. 神经网络中常见的超参数有:(　　)。

A. 梯度下降法迭代的步数

B. 学习率　　C. 隐层数目　　D. 正则化参数

2. 假设你建立一个神经网络。 你决定将权重和偏差初始化为零。以下哪项陈述是正确的?(　　)

A. 即使在第一次迭代中,第一个隐层的神经元也会执行不同的计算,它们的参数将以各自方式进行更新。

B. 第一个隐层中的每一个神经元都会计算出相同的结果,但是不同层的神经元会计算不同的结果。

C. 第一个隐层中的每个神经元将在第一次迭代中执行相同的计算,但经过一次梯度下降迭代后,它们将会计算出不同的结果。

D. 第一个隐层中的每个神经元节点将执行相同的计算,所以即使经过多次梯度下降迭代后,层中的每个神经元节点都会计算出与其他神经元节点相同的结果。

3. 以下属于机器学习中用来防止过拟合的方法的是:(　　)。

A. Xiaver 初始化

B. Dropout

C. 增加训练数据,比如数据增强、对抗网络生成数据

D. 增加神经网络层数

4. 你正在构建一个识别足球($y=1$)与篮球($y=0$)的二元分类器。 你会使用哪一种激活函数用于输出层?(　　)

A. tanh　　B. sigmoid　　C. Leaky ReLU　　D. ReLU

5. 池化层在卷积神经网络中扮演了重要的角色,下列关于池化层的论述正确的有(　　)。

A. 池化操作可以扩大感受野

B. 池化操作可以实现数据的降维

C. 池化操作是一种线性变换

D. 池化操作具有平移不变性

6. 假设有一个三分类问题,某个样本的标签为(1,0,0),模型的预测结果为(0.5,0.4,0.1),则交叉熵损失值(取自然对数结果)约等于(　　)。

A. 0.7　　B. 0.8　　C. 0.6　　D. 0.5

7. 在网络训练时,loss 在最初几个 epoch 没有下降,可能原因是(　　)。

A. 学习率过低　　B. 正则参数过高　　C. 陷入局部最小值　　D. 以上都有可能

三、编程题

1. 根据数据表 7-1,利用它训练神经网络,从而能够预测正确的输出值。

表 7-1　数据表

	Input			Output
Training data 1	0	0	1	0
Training data 2	1	1	1	1
Training data 3	1	0	1	1
Training data 4	0	1	1	0
New Situation	1	0	0	?

2. 波士顿房价预测问题：下载数据集并直接使用文件名 housing.csv 保存到当前文件中。该数据集描述了波士顿郊区房屋的 13 个数值属性，并涉及对这些郊区房屋价格的建模（数千美元）。输入属性包括犯罪率、非零售营业面积比例、化学物质浓度等。因为所有输入和输出属性都是数字属性，并且有 506 个实例可以使用。使用 Keras 和 Python 的 scikit-learn 库来实现对房价的回归预测。

参考答案

第8章

聚类

聚类就是按照某个特定标准（如距离准则）把一个数据集分割成不同的类或簇，使得同一个簇内的数据对象的相似性尽可能大，同时不在同一个簇中的数据对象的差异性也尽可能大，即聚类后同一类的数据尽可能聚集到一起，不同数据尽量分离。

学习意义

通过学习聚类方法，能够解决一些简单的聚类问题，并能够正确选择聚类的参数。

学习目标

- 理解 K 均值聚类的基本思路、解决问题的局限性。
- 了解基于密度的聚类算法，并能进行简单的应用。

8.1 聚类基础

类的定义：设 T 为给定的正数，若集合 G 中任意两个样本的距离小于等于 T，则 G 为一个类或簇。

类的中心为：

$$\overline{x}_G = \frac{1}{n_G}\sum_{i=1}^{n_G} x_i \tag{8-1}$$

类的直径为：

$$D_G = \max_{x_i, x_j \in G} d_{ij} \tag{8-2}$$

样本的散布矩阵为：

$$\boldsymbol{A}_G = \sum_{i=1}^{n_G}(x_i - \overline{x}_G)(x_i - \overline{x}_G)^{\mathrm{T}} \tag{8-3}$$

样本协方差矩阵为：

$$\boldsymbol{S}_G = \frac{1}{m-1}\sum_{i=1}^{n_G}(x_i - \overline{x}_G)(x_i - \overline{x}_G)^{\mathrm{T}} \tag{8-4}$$

在聚类中，表示数据类别的分类或者分组信息是没有的，因而聚类是一种无监督学习算法。前面章节中的逻辑回归、支持向量机等分类算法，需要从训练集中进行学习，从而具备对未知数据进行分类的能力，这种提供训练数据的过程属于监督学习。

作为一种无监督学习算法，聚类通过一个相似性的标准把一些元素放在一起并与其他元素分开。不同的聚类算法基于不同策略来解决这个问题，并可能产生不一样的结果。度量样本特征的相似度或者距离有多种方式。

（1）闵科夫斯基距离

$$d_{ij} = \left(\sum_{k=1}^{m} | x_{ki} - x_{kj} |^p\right)^{\frac{1}{p}} \tag{8-5}$$

当 p=1 时，称为曼哈顿距离：

$$d_{ij} = \sum_{k=1}^{m} | x_{ki} - x_{kj} | \tag{8-6}$$

当 p=2 时，称为欧几里得距离：

$$d_{ij} = \left(\sum_{k=1}^{m} | x_{ki} - x_{kj} |^2\right)^{\frac{1}{2}} \tag{8-7}$$

当 p=∞时，称为切比雪夫距离：

$$d_{ij} = \max_k | x_{ki} - x_{kj} | \tag{8-8}$$

准确来说闵科夫斯基距离是一组距离的定义，随着次数的增加，向量分量中的大值对距离的贡献会越大，极端情况下切比雪夫距离只考虑最大的那个分量。一般常用欧几里得距离。闵科夫斯基距离的缺点：一是对所有分量一视同仁，没有考虑不同特征之间的区别；二是没有考虑分量量纲的影响，即相同的特征，变换一下量纲级别就会导致完全不一样的结果；三是没有考虑各个分量之间的分布（如期望、方差的影响）。

（2）马氏距离

$$d_{ij} = \left[(x_i - x_j)^{\mathrm{T}} \boldsymbol{S}^{-1}(x_i - x_j)\right]^{\frac{1}{2}} \tag{8-9}$$

$\boldsymbol{S}$ 是整体样本的协方差矩阵，当协方差矩阵为单位矩阵的时候，马氏距离就等于欧氏距离，当协方差矩阵仅为对角矩阵的时候，即为标准化之后的欧几里德距离，由此可以看出马氏距离的两个优点，一是排除了量纲的影响，相当于标准化了，二是排除了变量之间的相关性的影响，相当于除掉了向量线性相关部分。马氏距离的缺点是夸大了变化微小的变量的作用。

（3）相关系数

$$r_{ij}=\frac{\sum_{k=1}^{m}(x_{ki}-\overline{x}_i)(x_{kj}-\overline{x}_j)}{\left[\sum_{k=1}^{m}(x_{ki}-\overline{x}_i)^2\sum_{k=1}^{m}(x_{kj}-\overline{x}_j)^2\right]^{\frac{1}{2}}}=\frac{\mathrm{Cov}(X_i,X_j)}{\sqrt{\mathrm{Var}[X_i]\mathrm{Var}[X_j]}} \tag{8-10}$$

其中方差：

$$\mathrm{Var}[X_i]=\frac{\sum_{k=1}^{m}(x_{ki}-\overline{x}_i)^2}{m-1} \tag{8-11}$$

协方差：

$$\mathrm{Cov}(X_i,X_j)=\frac{\sum_{k=1}^{m}(x_{ki}-\overline{x}_i)(x_{kj}-\overline{x}_j)}{m-1} \tag{8-12}$$

相关系数是针对不同含义的特征之间衡量彼此的线性关系是否密切，如果密切则考虑合并两个特征，或者对于不同样本之间，相互之间的特征线性关系如果密切，则说明属于同一类别，但这需要特征维度足够大才能说明问题。因为相关系数的一个明显缺点就是其接近 1 的程度与公式中 m 值相关，m 值比较小时，相关系数波动大，有些样本相关系数容易接近于 1，m 值较大时，相关系数的绝对值容易偏小，不同 m 值的样本之间不具备可比性。比如不能通过对比不同维度向量对相关系数的大小，判断某一对比另一对更线性相关。

（4）夹角余弦

$$s_{ij}=\frac{\sum_{k=1}^{m}x_{ki}x_{kj}}{\left(\sum_{k=1}^{m}x_{ki}^2\sum_{k=1}^{m}x_{kj}^2\right)^{\frac{1}{2}}} \tag{8-13}$$

用两个向量夹角的余弦值来衡量两者的相似性，余弦值为 1，则角度为零度，说明两个向量完全指向相同的方向，余弦值为 0，角度为 90°，说明两者之间是独立的，余弦值为–1 则说明两者指向相反的方向。余弦相似度常用于高维正空间，比如计算文本相似度。

8.2 ➲ *K* 均值聚类

8.2.1 算法

K 均值聚类（*K*-means）是最常用的聚类算法，主要思想是在给定 *K* 值和 *K* 个初始类簇中心点的情况下，把每个点分到离其最近的类簇中心点所代表的类簇中，所有点分配完毕之后，根据一个类簇内的所有点重新计算该类簇的中心点（取平均值），然后再迭代地进行分配点和更新类簇中心点的步骤，直至类簇中心点的变化很小，或者达到指定的迭代次数。

假定给定数据集 X，包含了 n 个样本 $X=\{\boldsymbol{x}_1,\boldsymbol{x}_2,\boldsymbol{x}_3,\cdots,\boldsymbol{x}_n\}$，其中每个样本都具有 m 个维度的属性。K-means 算法的目标是将 n 个样本依据样本间的相似性聚集到指定的 K 个类簇中，每个样本属于且仅属于一个其到类簇中心距离最小的类簇中。对于 K-means，首先需要初始化 K 个聚类中心 $\{\boldsymbol{C}_1,\boldsymbol{C}_2,\cdots,\boldsymbol{C}_K\},1<K\leqslant n$，然后计算每一个样本到每一个聚类中心的欧几里得距离，如式（8-14）所示：

$$\mathrm{dis}(\boldsymbol{x}_i,\boldsymbol{C}_j)=\sqrt{\sum_{t=1}^{m}(x_{it}-C_{jt})^2} \tag{8-14}$$

式（8-14）中，$\boldsymbol{x}_i$ 表示第 i 个样本（$1\leqslant i\leqslant n$）；$\boldsymbol{C}_j$ 表示第 j 个聚类中心（$1\leqslant j\leqslant K$）；x_{it} 表示第 i 个样本的第 t 个属性，$1\leqslant t\leqslant m$；C_{jt} 表示第 j 个聚类中心的第 t 个属性。

依次比较每一个样本到每一个聚类中心的距离，将样本分配到距离最近的聚类中心的类簇中，得到 K 个类簇 $\{S_1,S_2,S_3,\cdots,S_K\}$。

K-means 算法用中心定义了类簇的原型，类簇中心就是类簇内所有对象在各个维度的均值，其计算公式如下：

$$\boldsymbol{C}_l=\frac{\sum_{\boldsymbol{x}_i\in S_l}\boldsymbol{x}_i}{|S_l|} \tag{8-15}$$

式中，$\boldsymbol{C}_l$ 表示第 l 个聚类的中心，$1\leqslant l\leqslant K$；$|S_l|$ 表示第 l 个类簇中样本的个数；$\boldsymbol{x}_i$ 表示第 l 个类簇中第 i 个样本，$1\leqslant i\leqslant |S_l|$。

算法流程如下：

输入：样本集 $D=\{\boldsymbol{x}_1,\boldsymbol{x}_2,\cdots,\boldsymbol{x}_n\}$；聚类簇数 K。

从 D 中随机选择 K 个样本作为初始均值向量 $\{\boldsymbol{\mu}_1,\boldsymbol{\mu}_2,\cdots,\boldsymbol{\mu}_K\}$，$C_i=\phi(1\leqslant i\leqslant K)$。

当前均值有更新时，进行如下操作：

① 对于每一个样本进行如下操作：

计算样本 $\boldsymbol{x}_i$ 与各均值向量 $\boldsymbol{\mu}_j(1\leqslant i\leqslant K)$ 的距离：$d_{ij}=\|x_i-\boldsymbol{\mu}_j\|_2$；

根据距离最近的均值向量确定 x_i 的簇标记：$\lambda_i=\mathrm{argmin}_{j\in\{1,2,3,\cdots,K\}}d_{ij}$；

将样本 x_i 划入相应的簇：$C_{\lambda_i}=C_{\lambda_i}\cup\{x_i\}$；

② 对每一个类簇进行如下操作：

计算新均值向量：$\boldsymbol{\mu}'_j=\dfrac{1}{C_j}\sum_{\boldsymbol{x}\in C_j}\boldsymbol{x}$；

如果 $\boldsymbol{\mu}'_j\neq\boldsymbol{\mu}_j$ 将当前均值向量 $\boldsymbol{u}_i$ 更新为 $\boldsymbol{\mu}'_i$；否则保持当前均值不变

输出：簇划分 $C=\{C_1,C_2,\cdots,C_K\}$

因为 K-means 聚类算法本身计算平均距离的局限，所以算法只能处理球形的簇，也就是一个聚成实心的团。但现实中类会有各种形状，如环形和不规则形等，这种情况下 K 均值算法的聚类效果就非常差了。

8.2.2 如何选择最优的聚类个数

K 均值聚类算法常见的缺点之一是需要选择最优的类的数量。一个过小的类的数量将导致包含不同类样本的大的分类，而这将难以识别类之间的差异。因此，下面将讨论一些用于确定合适的类数量的方法并评估相应性能。

（1）优化惯性

惯性指样本到其最近聚类中心的平方距离之和。基于欧几里得距离，K 均值算法需要优化的问题是使簇惯性最小，即簇内误差平方和（S_E）最小。聚类数目为 K，每类中样本数目为 n_i，惯性可以表示为：

$$S_E = \sum_{i=1}^{K}\sum_{j=1}^{n_i}(\boldsymbol{x}_{ij} - \boldsymbol{x}_i)^2 \tag{8-16}$$

这种方法非常简单，可以作为确定聚类数目范围的第一种方法。一般来说，惯性是单调减少的，惯性最优值即选择一种权衡。随着分类数量的增多，惯性的数值也会变得越来越小，但并不是分类数量越多越好，选择时要选择拐点处的 K 值。

（2）轮廓分数

轮廓分数基于最大内部凝聚和最大类分离的原理。换句话说，我们想找到使得数据集细分为彼此相互分离的密集块的聚类数。以这种方式，每个类将包含非常相似的元素，选择属于不同类的两个元素，它们的距离应该大于类内元素的最大距离。

定义距离度量（欧几里得距离通常是一个很好的选择）后，可以计算每个样本的平均类内距离：

$$a(\boldsymbol{x}_i) = E_{\boldsymbol{x}_{j\in C}}[d(\boldsymbol{x}_i, \boldsymbol{x}_j)]\forall \boldsymbol{x}_i \in C \tag{8-17}$$

我们还可以定义平均最近类的距离（对应于最小的类间距离）：

$$b(\boldsymbol{x}_i) = E_{\boldsymbol{x}_{j\in D}}[d(\boldsymbol{x}_i, \boldsymbol{x}_j)]\forall \boldsymbol{x}_i \in C\text{，式中 } D = \mathrm{argmin}\{d(C, D)\} \tag{8-18}$$

样本 $\boldsymbol{x}_i$ 的轮廓分数定义为：

$$s(\boldsymbol{x}_i) = \frac{b(\boldsymbol{x}_i) - a(\boldsymbol{x}_i)}{\max\{a(\boldsymbol{x}_i), b(\boldsymbol{x}_i)\}} \tag{8-19}$$

该值在−1 和 1 之间，具有以下特征。

① 接近 1 的值是好的（1 是最好的值），因为它意味着 $a(\boldsymbol{x}_i) \ll b(\boldsymbol{x}_i)$；

② 接近 0 的值意味着类内部和类之间的差异几乎为零，因此存在类的重叠；

③ 接近−1 的值表示样本已被分配到错误的类，因为 $a(\boldsymbol{x}_i) \gg b(\boldsymbol{x}_i)$。

（3）Calinski-Harabasz 指标

Calinski-Harabasz 指标基于类内密集且分类合适的概念。为了构建 Calinski-Harabasz 指标，首先需要定义类间散度。如果有 k 个类的质心和全局质心，则类间分散度（BCD）的定义为：

$$\mathrm{BCD}(k) = \mathrm{Tr}(B_k)\text{，式中 } B_k = \sum_k n_k(\mu - \mu_i)^{\mathrm{T}}(\mu - \mu_j) \tag{8-20}$$

式中，n_k 是属于类 k 的样本数量；μ 是全局质心；μ_i 是类 i 的质心。类内分散度（WCD）的定义为：

$$\mathrm{WCD}(k)=\mathrm{Tr}(X_k)\text{，式中 }X_k=\sum_t\sum_{x\in C_k}(x-\mu_t)^{\mathrm{T}}(x-\mu_t) \tag{8-21}$$

Calinski-Harabasz 指标定义为 BCD(k)和 WCD(k)之间的比率：

$$\mathrm{CH}(k)=\frac{N-k}{k-1}\times\frac{\mathrm{BCD}(k)}{\mathrm{WCD}(k)} \tag{8-22}$$

当我们寻找低的类内分散度（密集的聚集体）和高的类间分散度（分离好的聚集体）时，需要找到使该指数最大化的聚类数目。

（4）类的不稳定性

类的不稳定性的概念，直观来说，如果对相同数据集受到干扰后的样本进行聚类能产生非常相似的结果，那么可认为这种聚类方法是稳定的。更正式地，在一个数据集 X 上可以定义一组共 m 个扰动（或含噪声）的数据集版本：

$$X_n=\{X_n^0,X_n^1,\cdots,X_n^m\} \tag{8-23}$$

考虑到具有相同数量样本的（k）个类中，两个类之间的距离度量 $d[C(X_1),C(X_2)]$，不稳定性被定义为两个含噪声数据的版本的聚类对象之间的平均距离：

$$I(C)=E\{d[C(X_n^i),C(X_n^j)]\}\quad X_n^i\in X_n,X_n^j\in X_n \tag{8-24}$$

因此需要找到最小化 $I(C)$ 的 k 值，从而使稳定性最大化。

8.3 基于密度的聚类算法

DBSCAN（density-based spatial clustering of applications with noise）是一种功能强大的基于密度空间的聚类算法，可以很容易地解决 K-means 难以解决的非凸问题，同时不需要确定聚类的数量，而是基于数据推测聚类的数目，针对任意形状产生聚类。

DBSCAN 的主要思想：聚类是由低密度区域包围的高密度区域（对其形状没有限制）。这种状况很普遍，而 DBSCAN 不需要对预期类的数量进行初始声明，该过程主要基于度量函数（通常是欧几里得距离）和半径 ε。给定样本 $\boldsymbol{x}_i$，检查其边界是否有其他样本。如果它被至少 $n_{\min}$ 个点包围，则成为核心点：

$$N[d(\boldsymbol{x}_i,\boldsymbol{x}_j)\leqslant\varepsilon]\geqslant n_{\min} \tag{8-25}$$

如果出现以下情况，则将样本 $\boldsymbol{x}_j$ 定义为可从核心点 $\boldsymbol{x}_i$ 直接到达：

$$d(\boldsymbol{x}_i,\boldsymbol{x}_j)\leqslant\varepsilon \tag{8-26}$$

类似的概念也适用于直接可达点的序列。因此，如果存在序列 $\boldsymbol{x}_i\to\boldsymbol{x}_{i+1}\to\cdots\to\boldsymbol{x}_j$，则说 $\boldsymbol{x}_i$ 和 $\boldsymbol{x}_j$ 是可达的。此外，给定样本 $\boldsymbol{x}_k$，如果 $\boldsymbol{x}_i$ 和 $\boldsymbol{x}_j$ 可从 $\boldsymbol{x}_k$ 到达，则称它们是密度连接的。 所有不符合这些要求的样本都被认为是噪声。

所有密度连接的样本都属于几何结构没有限制的类。在第一步之后，考虑相邻区域。如果它们也具有高密度，则它们与第一区域合并；否则，它们确定拓扑分离。当扫描了所有区域时，类也已经确定，它们看起来就像被带有一些噪点的样本空间包围的岛屿。

DBSCAN 的一般步骤是（在已知 ε 和 $n_{\min}$ 的前提下）：

① 任意选择一个点（既没有指定到一个类也没有特定为外围点），计算它的 NBHD(p,ε)，判断是否为核点。如果是，在该点周围建立一个类，否则，设定为外围点。

② 遍历其他点，直到建立一个类。把直接到达点加入类中，接着把密度连接点也加进来。如果标记为外围的点被加进来，修改状态为边缘点。

③ 重复步骤①和②，直到所有的点满足在类中（核点或边缘点）或者为外围点。

8.4 谱聚类

谱聚类是从图论中演化出来的算法，后来在聚类中得到了广泛的应用。它的主要思想是把所有的数据看作空间中的点，这些点之间可以用边连接起来。距离较远的两个点之间的边权重值较低，而距离较近的两个点之间的边权重值较高，通过对所有数据点组成的图进行切图，让切图后不同的子图间边权重和尽可能低，而子图内的边权重和尽可能高，从而达到聚类的目的。

谱聚类是一种基于 $G=\{V, E\}$ 数据集图的较为复杂的方法。顶点集合 V 由样本构成，而用于连接不同样本的边缘系数 E 由原始空间中样本距离的测量权值近似决定，其值与原始空间或者更多合适的两个样本的距离成比例（以类似内核 SVM 的方式）。

如果有 n 个样本，引入对称关联矩阵：

$$\boldsymbol{W}=\begin{bmatrix} w_{11} & \cdots & w_{n1} \\ \vdots & \ddots & \vdots \\ w_{n1} & \cdots & w_{nn} \end{bmatrix} \tag{8-27}$$

每个元素 w_{ij} 表示两个样本之间的关联。最常用的关联（scikit-learn 支持）是径向基函数（RBF）和 k-最近邻（k-NN）。前者定义如下：

$$w_{ij}=\mathrm{e}^{-\gamma\|\bar{x}_i-\bar{x}_j\|^2} \tag{8-28}$$

后者基于参数 k，定义邻域样本的数量：

$$w_{ij}=\begin{cases} 1, & \bar{x}_j \in k\text{-NN}(\bar{x}_i) \\ 0, & \text{其他} \end{cases} \tag{8-29}$$

RBF 总是非零的，而 k-NN 在图部分连通（并且样本 x_i 不包括在邻域中）的情况下产生奇异的关联矩阵。这通常不是一个严重的问题，因为它可以纠正权矩阵使其始终可逆，请读者测试这两种方法，以检查哪种方法更准确。只要这些方法合适，就可以使用任何自定义内核来生成具有相同距离特性（非负、对称和增加）的度量。

谱聚类算法基于归一化的拉普拉斯图：

$$\boldsymbol{L}_n=\boldsymbol{I}-\boldsymbol{D}^{-1}\boldsymbol{W} \tag{8-30}$$

矩阵 $\boldsymbol{D}$ 称为隶属度矩阵，它的定义如下：

$$\boldsymbol{D}=\left(\sum_j w_{ij} \forall i \in (1,n)\right) \tag{8-31}$$

谱聚类算法流程如下。

输入：样本集 $D=(x_1,x_2,\cdots,x_n)$，降维后的维度 k_1，聚类后的维度 k_2。

输出：簇划分 $C(c_1,c_2,\cdots,c_{k_2})$。

① 根据输入的相似矩阵的生成方式构建样本的相似矩阵 $\boldsymbol{S}$。

② 根据相似矩阵 $\boldsymbol{S}$ 构建邻接矩阵 $\boldsymbol{W}$，构建度矩阵 $\boldsymbol{D}$。

③ 计算出拉普拉斯矩阵 $\boldsymbol{L}$。

④ 构建标准化后的拉普拉斯矩阵 $\boldsymbol{D}^{-\frac{1}{2}}\boldsymbol{L}\boldsymbol{D}^{-\frac{1}{2}}$。

⑤ 计算 $\boldsymbol{D}^{-\frac{1}{2}}\boldsymbol{L}\boldsymbol{D}^{-\frac{1}{2}}$ 最小的 k_1 个特征值所各自对应的特征向量 $\boldsymbol{f}$。

⑥ 将各自对应的特征向量 $\boldsymbol{f}$ 组成的矩阵按行标准化，最终组成 $n\times k_1$ 维的特征矩阵 $\boldsymbol{F}$。

⑦ 对 $\boldsymbol{F}$ 中的每一行作为一个 k_1 维的样本，共 n 个样本，用输入的聚类方法进行聚类，聚类维数为 k_2。

⑧ 得到簇划分 $\boldsymbol{C}(c_1,c_2,\cdots,c_{k_2})$。

8.5 编程实践

8.5.1 *K* 均值实例

在 sklearn.cluster 库中，包含了 *K*-Means 算法，可以直接用来解决大多数的问题。在本例中，我们需要生成若干样本点，并将其聚类。

首先，生成 800 个 2 维样本点集合，中心点 4 个，如图 8-1 所示。

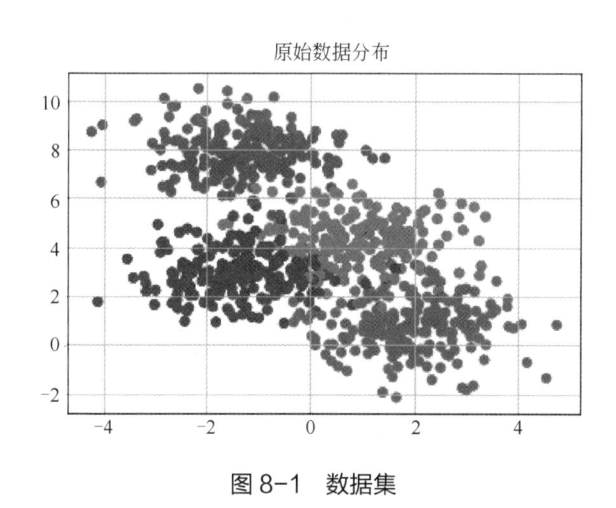

图 8-1 数据集

*K*均值实例程序

本章彩图

然后需要确定输入参数。sklearn.cluster.KMeans 算法使用方法如下：

```
sklearn.cluster.KMeans(n_clusters=3, init='k-means++', n_init=10,
max_iter=300, tol=0.0001,
```

```
precompute_distances='auto', verbose=0, random_state=None, copy_x=True,
n_jobs=1, algorithm='auto' )
```

参数说明如下：

① n_clusters：簇的个数，即聚成几类；

② init：初始簇中心的获取方法；

③ n_init：获取初始簇中心的更迭次数，为了弥补初始质心的影响，算法默认会初始 10 次质心，实现算法，然后返回最好的结果；

④ max_iter：最大迭代次数（因为 *K*-means 算法的实现需要迭代）；

⑤ tol：容忍度，即 *K*-means 运行准则收敛的条件；

⑥ precompute_distances：是否需要提前计算距离，这个参数会在空间和时间之间做权衡，如果是 True 会把整个距离矩阵都放到内存中，auto 会默认在 featurs×samples 的数量大于 12×10^6 的时候 False，False 时核心是利用 Cpython 来实现的；

⑦ verbose：冗长模式，一般选择默认值即可；

⑧ random_state：随机生成簇中心的状态条件；

⑨ copy_x：对是否修改数据的一个标记，如果 True，即复制了就不会修改数据，bool 在 scikit-learn 很多接口中都会有这个参数，就是是否对输入数据继续 copy 操作，以便不修改用户的输入数据，这个要理解 Python 的内存机制才会比较清楚；

⑩ n_jobs：并行设置；

⑪ algorithm：*K*-means 的实现算法，有 auto、full、elkan，其中 full 表示用 EM 方式实现。

在本例中，假设将样本点聚为三类，那么需要输入的参数为：n_clusters=3，init='k-means++'。

对生成的 800 个数据点，使用 *K*-Means 进行聚类，代码如下：

```
from sklearn.cluster import KMeans
model=KMeans(n_clusters=3,init='k-means++')
y_pre=model.fit_predict(data)
plt.scatter(data[:,0],data[:,1],c=y_pre,cmap=cm)
plt.title(u'K-Means 聚类')
plt.grid()
plt.show()
```

K-Means 聚类结果如图 8-2 所示。

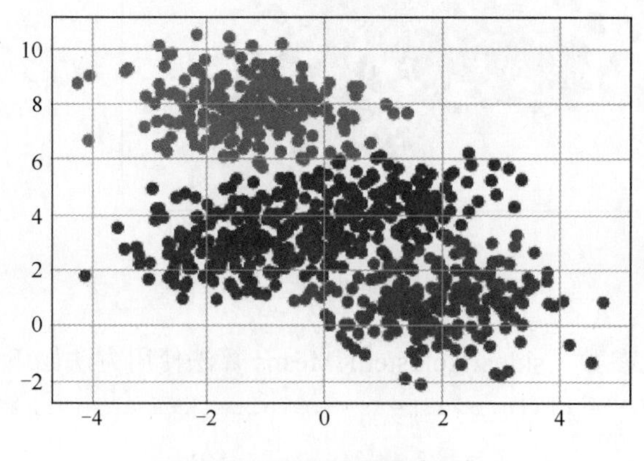

图 8-2　聚类效果图（一）

很明显，原数据集为 4 类，而聚类方法将整个数据集聚成了 3 类。对于如何选择最优的聚类个数，可以采用 8.2.2 的方法，分析如下。

以 Calinski-Harabasz 指标为例，在 scikit-learn 中可以计算 Calinski-Harabasz 指标，并用以下代码画出相关图形：

```
nb_clusters = [2, 3, 4, 5, 6, 7, 8, 9, 10]
ch_scores = []
for n in nb_clusters:
        km = KMeans(n_clusters=n)
        Y = km.fit_predict(data)
        ch_scores.append(metrics.calinski_harabasz_score(data, Y))
plt.plot(nb_clusters,ch_scores,'-o')
plt.title('Calinski-Harabasz 指标与聚类数目的关系')
plt.xlabel('聚类数目')
plt.ylabel('Calinski-Harabasz 分数')
plt.grid()
plt.show()
```

得到的结果如图 8-3 所示。

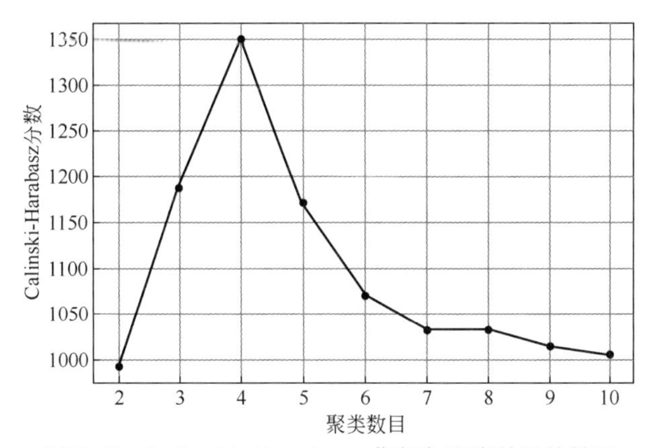

图 8-3　Calinski-Harabasz 指标与聚类数目的关系

如图 8-3 所示，Calinski-Harabasz 指标在 2～4 之间剧烈上升，在 4～6 之间剧烈下降，然后开始趋向平坦。选择 4 个类得到最高值，为 1350，而选择 3 个类和 5 个类 Calinski-Harabasz 指标的值略低于 1200。由于使用 Calinski-Harabasz 指标时需要找到使该指数最大化的聚类数目，因此，毫无疑问，最好的选择是 4。

重新设置输入的参数为：n_clusters=4，init='k-means++'。对生成的 800 个数据点，使用 *K*-Means 进行聚类，代码如下：

```
from sklearn.cluster import KMeans
model=KMeans(n_clusters=4,init='k-means++')
y_pre=model.fit_predict(data)
plt.scatter(data[:,0],data[:,1],c=y_pre,cmap=cm)
plt.title(u'K-Means 聚类')
plt.grid()
plt.show()
```

K-Means 聚类结果如图 8-4 所示。

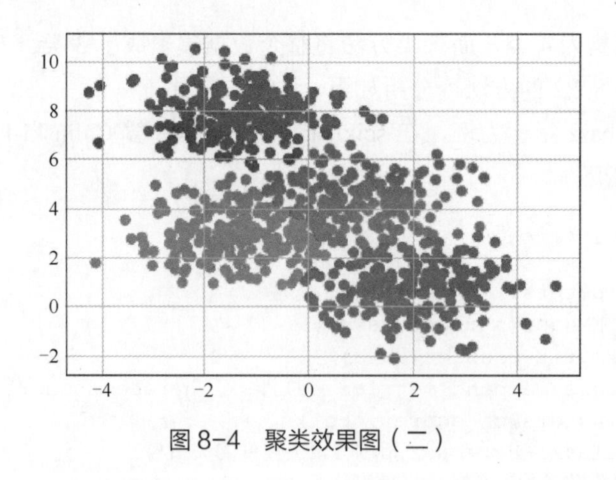

图 8-4　聚类效果图（二）

此时，原数据集为 4 类，而聚类方法将整个数据集聚成了 4 类，聚类结果与原数据接近。

8.5.2　基于密度的聚类算法实例

假设存在一组非凸数据，共三簇，其中两组是非凸的。为方便起见，在 Python 中生成三簇随机数据，两组是非凸的。样本数据分布输出如图 8-5 所示。

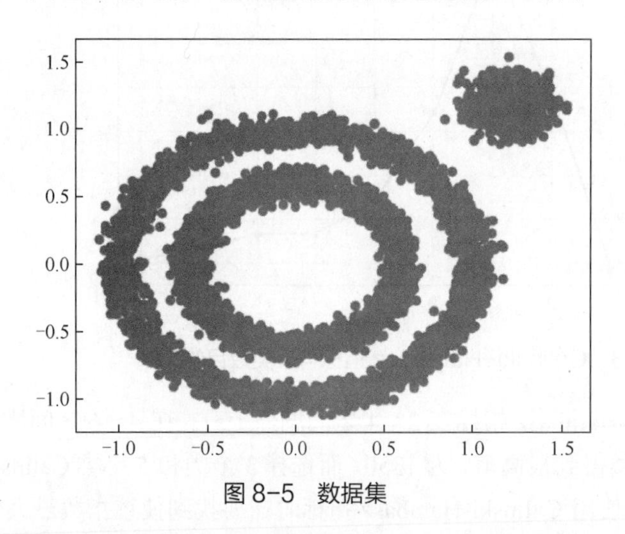

图 8-5　数据集

基于密度的聚类算法实例

使用 *K*-Means 进行聚类，代码如下：

```
from sklearn.cluster import KMeans
y_pred = KMeans(n_clusters=3, random_state=9).fit_predict(X)
plt.scatter(X[:, 0], X[:, 1], c=y_pred)
plt.show()
```

输出的聚类效果图如图 8-6 所示。

从图 8-6 中可以看出，分类错误率很高。考虑使用 DBSCAN 进行聚类。在 scikit-learn 中，DBSCAN 算法类为 sklearn.cluster.DBSCAN。DBSCAN 类的参数分为两类，一类是 DBSCAN 算法本身的参数，一类是最近邻度量的参数。

① eps：∂-邻域的距离阈值，样本距离超过 ∂ 的样本点不在 ∂-邻域内。默认值是 0.5，一般需要在多组值里面选择一个合适的阈值。eps 过大，则更多的点会落在核心对象的 ϵ-邻域，

此时类别数可能会减少，本来不应该是一类的样本也会被划为一类。反之则类别数可能会增大，本来是一类的样本却被划分开。

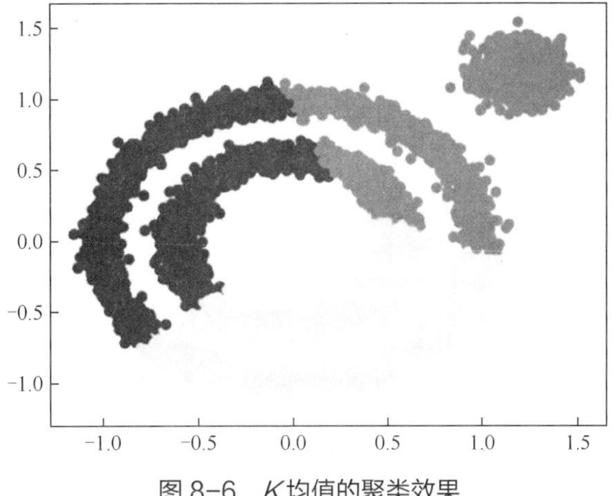

图 8-6　*K* 均值的聚类效果

② min_samples：样本点要成为核心对象所需要的 ò-邻域的样本数阈值。默认值是 5，一般需要在多组值里面选择一个合适的阈值。通常和 eps 一起调参。在 eps 一定的情况下，min_samples 过大，则核心对象会过少，此时簇内部分本来是一类的样本可能会被标为噪声点，类别数也会变多。反之 min_samples 过小的话，则会产生大量的核心对象，可能会导致类别数过少。

③ metric：最近邻距离度量参数。可以使用的距离度量较多，一般来说 DBSCAN 使用默认的欧式距离（即 p=2 的闵可夫斯基距离）就可以满足需要。

直接用默认参数的 DBSCAN 算法，代码如下：

```
from sklearn.cluster import DBSCAN
y_pred = DBSCAN().fit_predict(X)
plt.scatter(X[:, 0], X[:, 1], c=y_pred)
plt.show()
```

聚类效果图如图 8-7 所示。

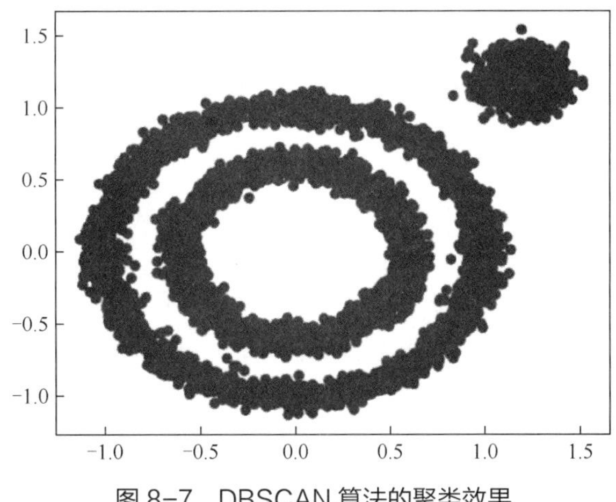

图 8-7　DBSCAN 算法的聚类效果

聚类效果显然更差，DBSCAN 居然认为所有的数据都是一类。此时，需要对 DBSCAN 的两个关键的参数 eps 和 min_samples 进行调参。从图 8-7 中可以发现，类别数太少，所以需要增加类别数，即减少 ε- 邻域的大小，从默认值 0.5 减到 0.1。代码如下：

```
y_pred = DBSCAN(eps = 0.1).fit_predict(X)
plt.scatter(X[:, 0], X[:, 1], c=y_pred)
plt.show()
```

对应的聚类效果如图 8-8 所示。

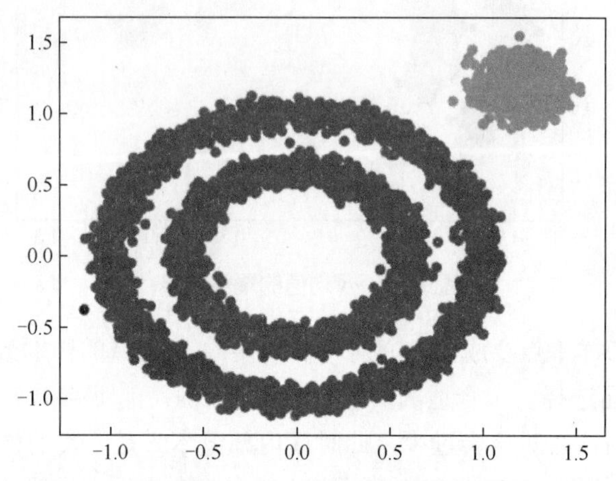

图 8-8 调整参数后的 DBSCAN 算法的聚类效果

很明显，聚类效果有了改进，至少边上的那个簇已经被发现。此时继续调参增加类别，有两个方向都是可以的，一个是继续减少 eps，另一个是增加 min_samples。现在将 min_samples 从默认的 5 增加到 10，代码如下：

```
y_pred = DBSCAN(eps = 0.1, min_samples = 10).fit_predict(X)
plt.scatter(X[:, 0], X[:, 1], c=y_pred)
plt.show()
```

输出的效果如图 8-9 所示。

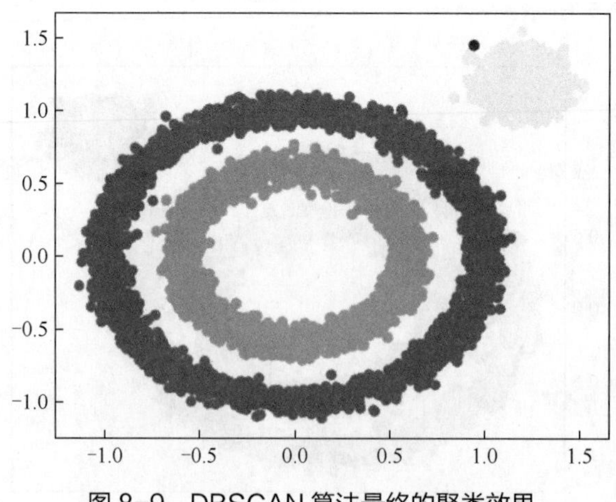

图 8-9 DBSCAN 算法最终的聚类效果

此时，聚类效果基本已经达到要求了。可以看出，DBSCAN 算法虽然具有一定的非凸类型的判别能力，但如何调整好参数仍然是一个值得研究的问题。

8.5.3 谱聚类实例

为测试谱聚类算法，生成三组 2 维数据。样本数据分布如图 8-10 所示。

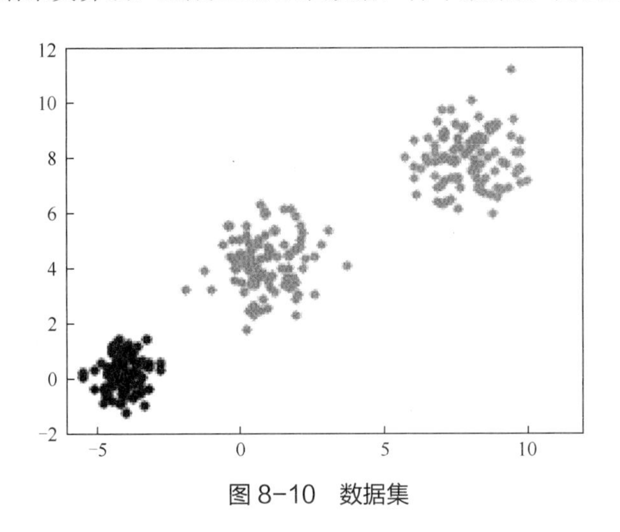

图 8-10 数据集

谱聚类程序

scikit-learn 的类库中，sklearn.cluster.SpectralClustering 可以实现谱聚类。其具体用法如下：

```
    sklearn.cluster.SpectralClustering(n_clusters=8, *, eigen_solver=None,
n_components=None, random_state=None, n_init=10, gamma=1.0, affinity='rbf',
n_neighbors=10, eigen_tol=0.0, assign_labels='kmeans', degree=3, coef0=1,
kernel_params=None, n_jobs=None)
```

其中典型参数的用法如下：

① n_clusters：簇的个数。

② affinity：相似矩阵的建立方式。可以选择的方式有三类，affinity 默认是高斯核 'rbf'。一般来说，相似矩阵推荐使用默认的高斯核函数。

③ 核函数参数 gamma：如果我们在 affinity 参数使用了多项式核函数'poly'、高斯核函数'rbf'或者'sigmoid'核函数，那么我们就需要对这个参数进行调参。

使用高斯核函数，需要进一步确定 gamma 的值。同时，需要确定簇的个数。使用 score 指标作为选择参数的标准，score 越大代表着类自身越紧密，类与类之间越分散，即更优的聚类结果：

```
n_cluster = [2, 3, 4, 5, 6]
gamma = [0.0001, 0.001, 0.01, 0.1, 10]
for i in n_cluster:
    for j in gamma:
        model = SpectralClustering(n_clusters=i, gamma=j)
        model.fit(data)
        score = calinski_harabasz_score(data, model.labels_)
        print("簇数: ", i, "gamma:", j, "score:", score)
```

从运行结果可知：当簇数 n_clusters 为 3，gamma 为 0.01 时聚类效果最好。重新调用命令进行聚类：

```
model = SpectralClustering(n_clusters=3, gamma=0.01)
model.fit(data)
```

聚类结果如图 8-11 所示。

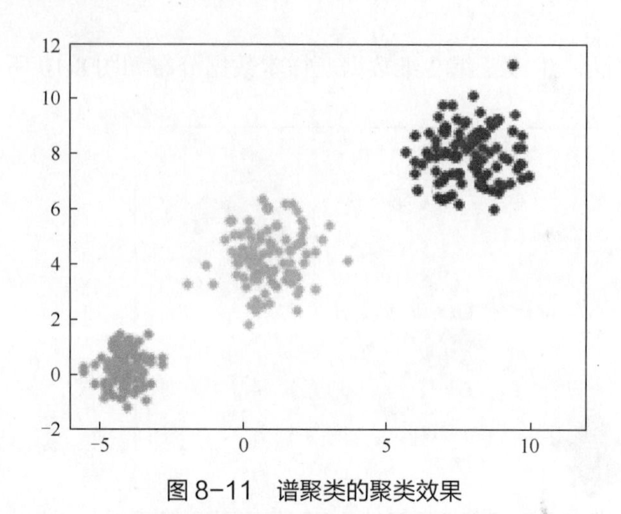

图 8-11　谱聚类的聚类效果

可以看出，谱聚类的结果与原生数据集一致。

课后练习

一、正误题

1. *K*-mean 算法会存在陷入局部极值的情况，可以使用不同的初始化值，多次实验来解决该问题。(　　)

2. *K*-means 算法不能够保证收敛。(　　)

3. DBSCAN 算法是一种著名的密度聚类算法，该方法基于一组“邻域”参数来刻画样本的紧密程度。(　　)

4. DBSCAN 对参数不敏感。(　　)

5. 聚类算法中的谱聚类算法是一种分层算法。(　　)

二、选择题

1. 有关聚类分析说法错误的是：(　　)。

A. 无须有标记的样本　　B.可以用于提取一些基本特征

C. 可以解释观察数据的一些内部结构和规律　　D. 聚类分析一个簇中的数据之间具有高差异性

2. 使用 *K*-means 算法得到了三个聚类中心，分别是[1,2]，[−3,0]，[4,2]，现输入数据 *X*=[3,1]，则 *X* 属于第几类。(　　)

A. 1　　B. 不能确定　　C. 3　　D. 2

3. 对一组无标签的数据 *X*，使用不同的初始化值运行 *K*-means 算法 50 次，如何评测这 50 次聚类的结果哪个最优。(　　)

A. 暂无方法

B. 需要获取到数据的标签才能评测

C. 最后一次运行结果最优

D. 优化目标函数值最小的一组最优

4. 关于 *K*-means 说法不正确的是：(　　)。

A. 算法可能终止于局部最优解　　B. 簇的数目 *k* 必须事先给定

C. 对噪声和离群点数据敏感　　D. 适合发现非凸形状的簇

5. 闵可夫斯基距离表示为曼哈顿距离时 *p* 为：(　　)

A. 1　　B. 2　　C. 3　　D. 4

三、编程问题

使用 sklearn 自带的 wine 数据集，构建聚类模型 *K*-Means，对该模型用轮廓分数进行评分并画出折线图。

参考答案

第三部分 知识推理

显而易见，在各类物种中，人类符号化的能力独一无二。

人类使用这些符号控制生存环境的能力同样独一无二。我们表现和模拟现实的能力表示我们可以接近生存的秩序，这为我们的人生经历布上了一层神秘之感。

——海兹·帕格斯（Heinz Pagels），《理性之梦》（The Dreams of Reason）

知识推理是指在计算机或智能系统中，模拟人类的智能推理方式，依据推理控制策略，利用形式化的知识进行机器思维和求解问题的过程。

智能系统的知识推理过程是通过推理机来完成的，所谓推理机就是智能系统中用来实现推理的程序。推理机的基本任务就是在一定控制策略指导下，搜索知识库中可用的知识，与数据库匹配，产生或论证新的事实。搜索和匹配是推理机的两大基本任务。对于一个性能良好的推理机，应有如下基本要求：①高效率的搜索和匹配机制；②可控制性；③可观测性；④启发性。

智能系统的知识推理包括两个基本问题：一是推理方法；二是推理的控制策略。推理方法研究的是前提与结论之间的种种逻辑关系及其信度传递规律等；而控制策略的采用是为了限制和缩小搜索的空间，使原来的指数型困难问题在多项式时间内求解。从问题求解角度来看，控制策略亦称为求解策略，它包括推理策略和搜索策略两大类。

第9章

知识表示方法

知识表示（knowledge representation）是指把知识客体中的知识因子与知识关联起来，便于人们识别和理解知识。知识表示是知识组织的前提和基础，任何知识组织方法都是建立在知识表示的基础上的。

学习意义

通过对问题的了解，选择合适的知识表示方法，从而为后面的问题求解奠定基础。

学习目标

- 熟练使用状态空间法进行知识表示；
- 熟悉问题规约法；
- 能够用谓词逻辑法进行知识表示。

9.1 什么是知识

知识是人们在改造客观世界的实践活动中积累起来的认识和经验。其中，认识是对事物现象、本质、属性、状态、关系、运动的认知，经验是解决问题的微观方法和宏观方法。知识的层次如图 9-1 所示。

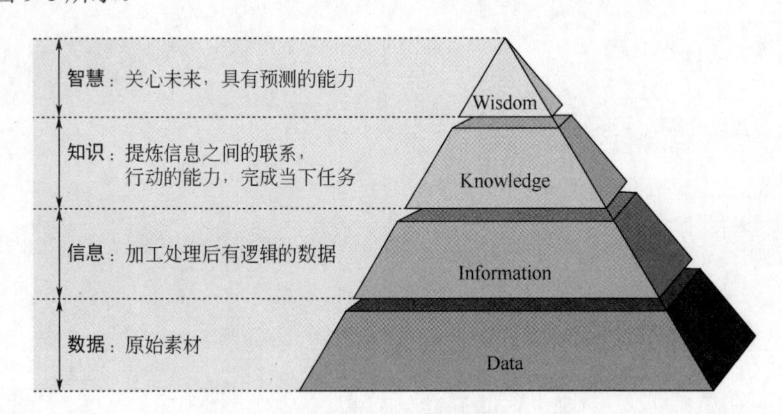

图 9-1 知识的层次

知识表示方法是研究机器表示知识的可行性、有效性的方法。知识的表示是对知识的描述，即用一组符号将知识表示成计算机可以接受的某种结构。从符号主义的人工智能观点，智能体要有效地解决应用领域的问题，就必须拥有领域特有的知识。尽管知识在人脑中的表示、存储和使用机理仍是一个尚待揭开的谜，但以形式化的方式表示知识并提供给计算机自动处理，已发展成一门比较成熟的技术——知识表示技术。

知识是智能的基础，为了使计算机具有智能，使它能模拟人类的智能行为，就必须使它具有知识。所谓知识就是经过精简、塑造、解释、选择和转换的，由特定领域的描述、关系和过程组成的信息。简单来说，知识=事实+信念+启发。但是知识需要用适当的模式表示出来才能存储到计算机中去，即知识表示。因此，知识表示可看成是一组事物的约定，以把人类知识表示成机器能处理的数据结构。知识表示方法是研究用机器表示知识的可行性、有效性的一般方法，是一种数据结构与控制结构的统一体，既考虑知识的存储又考虑知识的使用。

知识表示的表示观主要有三种，分别是认识论表示观、本体论表示观和知识工程表示观。

① 认识论表示观认为表示是对自然世界的表述，表示自身不显示任何智能行为。其唯一作用就是携带知识。这意味着表示可以独立于启发式来研究，其核心是将 AI 问题分成两部分——认识论部分与启发式部分，认为 AI 的核心任务就是“常识”形式化，讨论的主要问题是知识的不完全性、知识的不一致性、知识的不确定性和常识的相对性。

② 本体论表示观认为表示是对自然世界的一种近似，它规定了看待自然世界的方式，即一个约定的集合，表示只是描述了关心的一部分，逼真是不可能的，而推理是本体论表示观中不可缺少的部分，表示应和启发式搜索联系起来，不考虑推理的表示是不存在的。其解决的主要问题是 “表示”需对世界的某个部分给予特别的注意（聚集），而对世界的另外部分衰减，以求达到有效求解。对世界可以采用不同的方式来记述。注重的不是“其语言形式，而是其内容”。此内容不是某些特定领域的特殊的专家知识，而是自然世界中那些具有普通意义的一般知识。推理是表示观中不可缺少的一部分。表示研究应与启发式搜索联系起来，认为不考虑推理的纯粹表示是不存在的。计算效率无疑是表示的核心问题之一，即有效地知识组织及与领域有关的启发式知识是其提高计算效率的手段。哪种语言作为表示形式不是最重要的，特别强调表示不是数据。

③ 最常用的表示法都反映了知识工程表示观。其特点是将表示理解为一类数据结构（逻辑）及在其上的操作，对知识的内容更强调与领域的相关性，适合这个领域的、来自领域专家的经验知识是讨论的重点。

9.2 人工智能所关心的知识

在知识表示中，知识的含义和一般我们认识的知识的含义是有所区别的，它是指以某种结构化的方式表示的概念、事件和过程，即用计算机可接受的符号并以某种形式描述出来。因此在知识表示中，并不是日常生活中的所有知识都能够得以体现的，而是只有限定了范围和结构，经过编码改造的知识才能成为知识表示中的知识。

在知识表示中的知识一般有如下几类。

① 事实知识，常以“……是……”的形式出现，表示事物的分类、属性、关系、科学事实、客观事实等，在知识库中属低层的知识；

② 规则知识，常以“如果……那么……”形式出现，是有关问题中与事物的行动、动作相联系的因果关系知识，是动态的，特别是启发式规则是属专家提供的专门经验知识，这种知识虽无严格解释但很有用处；

③ 控制知识，是有关问题的求解步骤、技巧性知识，告诉人们怎么做一件事，也包括当有多个动作同时被激活时应选哪一个动作来执行的知识；

④ 元知识，关于知识的知识，是知识库中的高层知识，包括怎样使用规则、解释规则、校验规则、解释程序结构等知识，元知识与控制知识是有重叠的。

9.3 知识表示方法

使用较多的知识表示方法主要有以下几种。

9.3.1 状态空间法

状态空间表示是以状态和算符为基础来表示和求解问题的，其中状态表示问题解法中每一步问题状况的数据结构。而数据结构是计算机存储、组织数据的方式，精心选择的数据结构可以带来更高的运行或者存储效率，并保证系统能够进行高效的检索和索引。

状态空间问题表示的三要素如下。

（1）状态（state）

状态表示问题求解过程中每一步问题状况的数据结构，它可表示为：

$$S_k = \{S_{k0}, S_{k1}, \cdots\}$$

当对每一个分量都给以确定的值时，就得到了一个具体的状态。

（2）操作（operator）

操作也称为算符，它是把问题从一种状态变换为另一种状态的手段。操作可以是一个机械步骤、一个运算、一条规则或一个过程。操作可理解为状态集合上的一个函数，它描述了状态之间的关系。

（3）状态空间（state space）

状态空间用来描述一个问题的全部状态以及这些状态之间的相互关系。常用一个三元组表示：

$$(S,F,G)$$

其中，S 为问题的所有初始状态集合；F 为操作的集合；G 为目标状态的集合。状态空间可以用一个赋值的有向图来表示，该有向图称为状态空间图。在状态空间图中，节点表示问题的状态，有向边表示操作。

对一个问题的状态描述，必须确定 3 件事：

① 该状态的描述方式，特别是初始状态描述；

② 操作符集合及其对状态描述的作用；

③ 目标状态描述的特性。

9.3.2 问题规约法

问题规约法的本质是从要解决的问题出发逆向推理，建立子问题以及子问题的子问题，直至最后把初始问题归约为一个平凡的本原问题（可直接求解的问题）集合，最终通过求解本原问题、子问题的子问题、子问题，从而求解要解决的问题。

问题归约法的组成部分包括：

① 一个初始问题描述；

② 一套把问题变换为子问题的操作符；

③ 一套本原问题描述。

同样，可以用一个类似图的结构来表示把问题归约为后继问题的替换集合，称为问题归约图。由于问题规约图可以用“与”“或”关系表示，也称为与或图。例如，设想问题 A 需要由求解问题 B、C 和 D 来决定，那么可以用一个与图来表示；同样，一个问题 A 由求解问题 B 或者由求解问题 C 来决定，则可以用一个或图来表示。与或图构图规则如下。

① 与或图中的每个节点代表一个要解决的单一问题或问题集合。图中所含起始节点对应于原始问题。

② 对应于本原问题的节点，叫作终叶节点，它没有后裔。

③ 对于把算符应用于问题 A 的每种可能情况，都把问题变换为一个子问题集合；有向弧线自 A 指向后继节点，表示所求得的子问题集合。

④ 一般对于代表两个或两个以上子问题集合的每个节点，有向弧线从此节点指向此子问题集合中的各个节点。

⑤ 在特殊情况下，当只有一个算符可应用于问题 A，而且这个算符产生具有一个以上子问题的某个集合时，由上述规则③和规则④所产生的图可以得到简化。

9.3.3 谓词逻辑法

逻辑表示法以谓词形式来表示动作的主体、客体，是一种叙述性知识表示方法。利用逻辑公式，人们能描述对象、性质、状况和关系。它主要用于自动定理的证明。逻辑表示法主要分为命题逻辑和谓词逻辑。

逻辑表示研究的是假设与结论之间的蕴含关系，即用逻辑方法推理的规律。它可以看成自然语言的一种简化形式，由于它精确、无二义性，容易为计算机理解和操作，同时又与自然语言相似。

命题逻辑是数理逻辑的一种，数理逻辑是用形式化语言（逻辑符号语言）进行精确（没有歧义）的描述，用数学的方式进行研究。我们最熟悉的是数学中的设未知数表示。例：用命题逻辑表示下列知识。

如果 a_1 是偶数，那么 a_2 是偶数。

定义命题如下：

P：a_1是偶数；

Q：a_2是偶数；

则原知识表示为：$P \rightarrow Q$。

谓词逻辑相当于数学中的函数表示。

例如，用谓词逻辑表示知识：自然数都是大于等于零的整数。

定义谓词如下：

$N(x)$：x是自然数；

$I(x)$：x是整数；

$\mathrm{GZ}(x)$：x是大于等于零的数；

则原知识表示为：$(\forall x)(N(x)[\mathrm{GZ}(x) \wedge I(x)]$，$\forall(x)$是全称量词。

采用谓词逻辑法进行知识表示，可以方便地进行逻辑推理。

9.3.4 语义网络表示法

语义网络表示法是知识表示中最重要的方法之一，是一种表达能力强而且灵活的知识表示方法。语义网络是通过概念及其语义关系来表达知识的一种网络图，或者说是一种以网络格式表达人类知识构造的形式。从图论的观点看，它是一个带标识的有向图。语义网络利用节点和带标记的边构成的有向图描述事件、概念、状况、动作及客体之间的关系。带标记的有向图能十分自然地描述客体之间的关系，与谓词逻辑法对应。

语义网络由奎林（J. R. Quillian）于 1968 年提出，开始是作为人类联想记忆的一个明显公理模型提出，随后在 AI 中用于自然语言理解，表示命题信息。语义网络由节点和节点之间的弧组成，节点表示概念（事件、事物），弧表示它们之间的关系。在人工智能的程序中，谓词及其变元可以看作是语义网络中的节点；而弧关系则相当于节点之间的连接形式。语义网络是一种面向语义的结构，它们一般使用一组推理规则，规则是为了正确处理出现在网络中的特种弧而专门设计的。

语义网络可以直接而明确地表达概念的语义关系，模拟人的语义记忆和联想方式，同时可利用语义网络的结构关系检索和推理，效率高。但语义网络不适用于定量、动态的知识，不便于表达过程性、控制性的知识。

9.3.5 产生式表示法

产生式表示法，又称规则表示法，有的时候被称为 IF-THEN 表示法，它表示一种条件-结果形式，是一种比较简单的表示知识的方法。IF 后面部分描述了规则的先决条件，而 THEN 后面部分描述了规则的结论。规则表示法主要用于描述知识和陈述各种过程知识之间的控制及其相互作用的机制。

例如，MYCIN 系统中有下列产生式知识（其中，置信度称为规则强度）：

IF 本生物的染色斑是革兰性阴性，本微生物的形状呈杆状，病人是中间宿主。

THEN 该微生物是绿脓杆菌，置信度为 0.6。

9.3.6 框架表示法

框架（frame）是把某一特殊事件或对象的所有知识储存在一起的一种复杂的数据结构。其主体是固定的，表示某个固定的概念、对象或事件，其下层由一些槽（slot）组成，表示主体每个方面的属性。框架是一种层次的数据结构，框架下层的槽可以看成一种子框架，子框架本身还可以进一步分层次为侧面。槽和侧面所具有的属性值分别称为槽值和侧面值。槽值可以是逻辑型或数字型的，具体的值可以是程序、条件、默认值或是一个子框架。相互关联的框架连接起来组成框架系统，或称框架网络。

框架表示法表示的知识没有固定的推理机理，遵循匹配和继承的原理，所以采用框架表示法构成的系统具有结构性、继承性、自然性的特点。

9.3.7 面向对象的表示方法

面向对象的知识表示方法是按照面向对象的程序设计原则组成一种混合知识表示形式，就是以对象为中心，把对象的属性、动态行为、领域知识和处理方法等有关知识封装在表达对象的结构中。在这种方法中，知识的基本单位就是对象，每一个对象由一组属性、关系和方法的集合组成。一个对象的属性集和关系集的值描述了该对象所具有的知识；与该对象相关的方法集，操作在属性集和关系集上的值，表示该对象作用于知识上的知识处理方法，其中包括知识的获取方法、推理方法、消息传递方法以及知识的更新方法。

以上简要介绍分析了常见的知识表示方法，此外，还有适合特殊领域的一些知识表示方法，如：概念图、Petri、基于网格的知识表示方法、粗糙集、基于云理论的知识表示方法等，在此不做详细介绍。在实际应用过程中，一个智能系统往往包含了多种表示方法。

9.4 编程实践

9.4.1 状态空间法解决野人过河问题

在河的左岸有三个传教士、一条船和三个野人，传教士们想用这条船将所有的成员都运过河去，但是受到以下条件的限制：

① 传教士和野人都会划船，但船一次最多只能装运两个；

② 在任何岸边野人数目都不得超过传教士，否则传教士就会遭遇危险：被野人攻击甚至被吃掉。

此外，假定野人会服从任何一种过河安排，试规划出一个确保全部成员安全过河的计划。

该问题用状态空间法的解决思路如下。

（1）设定状态变量及确定值域

为了建立这个问题的状态空间，设左岸传教士数为 M，则 M={0,1,2,3}，对应右岸的传教士数为 $3-M$；设左岸的野人数为 C，则有 C={0,1,2,3}，对应右岸野人数为 $3-C$；设左岸船数

为 B，故有 $B=\{0,1\}$，对应右岸船数为 $1-B$。

（2）确定状态组，分别列出初始状态集和目标状态集

问题的状态可以用一个三元数组来描述，以左岸的状态来标记，即 $S_k=(M,C,B)$，右岸的状态可以不必标出。初始状态一个：$S_0=(3,3,1)$，初始状态表示全部成员在河的左岸。目标状态也只一个：$S_g=(0,0,0)$，表示全部成员从河左岸渡河完毕。

（3）定义并确定操作集

仍然以河的左岸为基点来考虑，把船从左岸划向右岸定义为 P_{ij} 操作。其中，第一下标 i 表示船载的传教士数，第二下标 j 表示船载的野人数；同理，从右岸将船划回左岸称为 Q_{ij} 操作，下标的定义同前。则共有 10 种操作，操作集为：$F=\{P_{01}, P_{10}, P_{11}, P_{02}, P_{20}, Q_{01}, Q_{10}, Q_{11}, Q_{02}, Q_{20}\}$。

P_{10}：if (ML, CL, BL=1)　　then (ML–1, CL, BL–1)；

P_{01}：if (ML, CL, BL=1)　　then (ML, CL–1, BL–1)；

P_{11}：if (ML ,CL , BL=1)　　then (ML–1 , CL–1 , BL –1)；

P_{20}：if (ML ,CL , BL=1)　　then (ML–2 , CL , BL –1)；

P_{02}：if (ML ,CL , BL=1)　　then (ML , CL–2 , BL –1)；

Q_{10}：if (ML ,CL , BL=0)　　then (ML+1 , CL , BL+1)；

Q_{01}：if (ML ,CL , BL=0)　　then (ML , CL+1 , BL +1)；

Q_{11}：if (ML ,CL , BL=0)　　then (ML+1 , CL +1, BL +1)；

Q_{20}：if (ML ,CL , BL=0)　　then (ML+2 , CL, BL +1)；

Q_{02}：if (ML ,CL , BL=0)　　then (ML , CL +2, BL +1)。

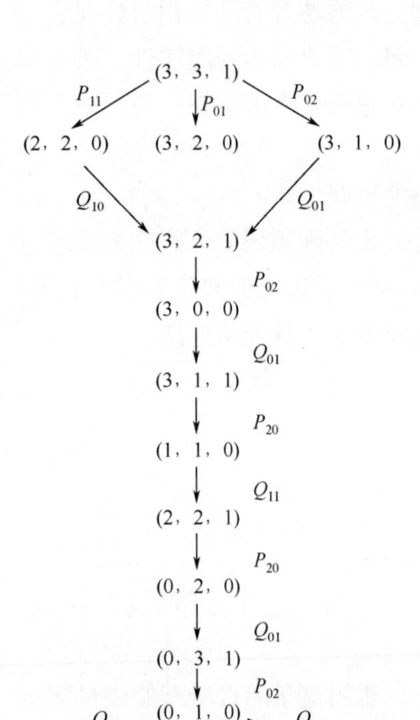

图 9-2　状态空间图

（4）当状态数量不是很大时，画出合理的状态空间图如图 9-2 所示。

（5）算法设计

算法一：树的遍历。

根据规则由根（初始状态）扩展出整棵树，检测每个节点的“可扩展标记”，为“–1”的即目标节点。由目标节点上溯出路径。

野人过河问题程序

算法二：启发式搜索。

构造启发式函数为：

$$f=\begin{cases}6.01-\text{ML}-\text{CL}, & \text{满足规则时}\\ -\infty, & \text{其他}\end{cases}$$

选择较大值的节点先扩展。

9.4.2 问题规约法解决梵塔问题

梵塔问题可以描述为现在有三个柱子，分别为柱子 1、柱子 2、柱子 3，而在柱子 1 上按

照从上到下越来越大的顺序放着 3 个圆盘（A、B、C），现在需要将这些圆盘移动到柱子 3 上，要求在移动的过程中仍然遵守从上往下越来越大的顺序，即大盘子不能放在小盘子上。请输出将盘子从柱子 1 移动到柱子 3 上的步骤。

归约过程为：

① 移动圆盘 A 和 B 至柱子 2 的双圆盘难题；

② 移动圆盘 C 至柱子 3 的单圆盘难题；

③ 移动圆盘 A 和 B 至柱子 3 的双圆盘难题。

梵塔问题程序

由上可以看出简化了难题，每一个都比原始难题容易，所以问题都会变成易解的本原问题。

梵塔问题的问题归约方法可以用状态空间表示的三元组合（*S*、*F*、*G*）来规定与描述问题；对于梵塔问题，子问题［(111)→(122)］、［(122)→(322)］以及［(322)→(333)］规定了最后解答路径将要通过的脚踏石状态(122)和(322)。问题归约方法可以应用状态、算符和目标这些表示法来描述问题，但这并不意味着问题归约法和状态空间法是一样的。

9.4.3　谓词逻辑法解决八皇后问题

八皇后问题是一个古老而著名的问题，是回溯算法的典型案例。该问题由国际象棋棋手马克斯・贝瑟尔于 1848 年提出：在 8×8 格的国际象棋上摆放八个皇后，使其不能互相攻击，即任意两个皇后都不能处于同一行、同一列或同一斜线上，如图 9-3 所示，问有多少种摆法。高斯认为有 76 种方案。1854 年在柏林的国际象棋杂志上不同的作者发表了 40 种不同的解，后来有人用图论的方法解出 92 种结果。

图 9-3　八皇后问题

八皇后问题程序

Python 中的 pyDatalog 借鉴了 Datalog 这种声明式语言，可以很方便自然地表达一些逻辑命题和数学公式，进行模式匹配。用它实现八皇后问题的例子如下：

```
from pyDatalog import pyDatalog
pyDatalog.create_atoms('N, N1, X, Y, X0, X1, X2, X3, X4, X5, X6, X7')
pyDatalog.create_atoms( 'ok, queens, next_queen, pred, pred2' )

size = 8
ok( X1, N, X2 ) <= ( X1 != X2 ) & ( X1 != X2 + N ) & ( X1 != X2 - N )

pred( N, N1 ) <= ( N > 1 ) & ( N1 == N - 1 )
queens( 1, X ) <= ( X1._in( range( size ) ) ) & ( X1 == X[0] )
queens( N, X ) <= pred( N, N1 ) & queens( N1, X[:-1] ) & next_queen( N, X )

pred2( N, N1 ) <= ( N > 2 ) & ( N1 == N - 1 )
next_queen( 2, X ) <= ( X1._in( range( 8 ) ) ) & ok( X[0], 1, X1 ) & ( X1
== X[1] )
next_queen( N, X ) <= pred2( N, N1 ) & next_queen( N1, X[1:] ) & ok( X[0],
N1, X[-1] )

print( queens( size, ( X0, X1, X2, X3, X4, X5, X6, X7 ) ) )
```

课后练习

一、正误题

1. 知识是人的大脑通过思维重新组合和系统化的信息集合。(　　)

2. 产生式表示，又称为 IF-THEN 表示， IF 后面部分描述了规则的结论，而 THEN 后面部分描述了规则的先决条件。(　　)

3. 语义网络是知识的图解表示。(　　)

4. 知识表示的主体包括 3 类：表示方法的设计者、表示方法的使用者以及知识本身。(　　)

二、选择题

1. 下列关于知识的说法正确的是 (　　)。

A. 知识是经过削减、塑造、解释和转换的信息

B. 知识是经过加工的信息

C. 知识是事实、信念和启发式规则

D. 知识是凭空想象的

2. 下列哪些不属于谓词逻辑的基本组成部分？(　　)

A. 谓词符号　　B. 变量符号　　C. 函数符号　　D. 操作符

3. 语义网络表示法中一般以下哪种继承是不存在的？(　　)

A. 值继承　　B. “如果需要”继承　　C. “默认”继承　　D. 左右继承

4. 语义网络中的推理过程主要有 (　　)。

A. 假元推理　　B. 合一　　C. 继承　　D. 匹配

5. 在框架表示法中，为了描述更复杂更广泛的事件，可把框架发展为 (　　)。

A. 专家系统　　B. 框架系统　　C. 槽　　D. 语义网络

三、编程题

1. 设有如下语句，请用相应的谓词公式分别把它们表示出来：

① 有的人喜欢梅花，有的人喜欢菊花，有的人既喜欢梅花又喜欢菊花。

② 有人每天下午都去打篮球。

2. 请把下列命题用一个语义网络表示出来：

① 树和草都是植物；

② 树和草都有叶和根。

3. 假设有以下一段天气预报："北京地区今天白天晴，偏北风 3 级，最高气温 12℃，最低气温-2℃，降水概率 15%。"。请用框架表示这一知识。

参考答案

第10章

经典逻辑推理

逻辑是在形象思维和直觉顿悟思维基础上对客观世界进一步的抽象，是人通过概念、判断、推理、论证来理解和区分客观世界的思维过程。逻辑推理是关于从一个真的前提“必然地”推出一些结论的科学，常用的方法有归纳法和演绎法。本章主要介绍演绎推理。

学习意义

通过学习经典逻辑推理方法，实现简单的定理证明和问题求解。

学习目标

- 了解置换合一；
- 熟悉归结原理；
- 熟悉归结反演。

10.1 推理

经典逻辑推理是根据经典逻辑的逻辑规则进行的一种推理，又称为机械-自动定理证明。按推理逻辑基础分，推理可分为演绎推理、归纳推理和默认推理。其中演绎推理是从已知的一般性知识出发，去推出蕴含在这些已知知识中的适合于某种个别情况的结论，是一种由一般到个别的推理方法，其核心是三段论；归纳推理是一种由个别到一般的推理方法，是从足够多的事例中归纳出一般性结论的推理过程；默认推理又称为缺省推理，它是在知识不完全的情况下假设某些条件已经具备所进行的推理。

当然，推理还有其他的分类方法。按推理时所用知识的确定性，可分为确定性推理、不确定性推理。确定性推理是指推理时所用的知识都是精确的，推出的结论也是确定的，其真值或者为真、或者为假，没有第三种情况出现；不确定性推理是指推理时所用的知识不都是精确的，推出的结论也不完全是肯定的，其真值位于真与假之间。

按推理过程中的单调性来分，又可分为单调推理、非单调推理等。单调推理推出的结论呈单调增加的趋势，并且越来越接近最终目标；而非单调推理是由于新知识的加入，不仅没有加强已推出的结论，反而要否定它。

推理中，最重要的是推理的控制策略。推理方向可以是正向或反向，在此过程中会涉及搜索策略，在搜索中还会涉及求解策略、冲突消解和限制策略。推理的控制策略主要如下。

① 正向推理，是以已知事实或条件为前提出发点，逐步推导目标成立的推理，又称事实驱动推理、数据驱动推理或前向推理。其基本思想是从用户提供的初始已知事实出发，在知识库中找出当前可适用的知识，构成可适用知识集；按某种冲突消解策略从知识集中选出一条知识进行推理，并将推出的新事实加入数据库中作为下一步推理的已知事实；在知识库中选取可适用知识进行推理，直到求出所要求的解或知识库中再无可用的知识为止。

② 反向推理，是从假设目标开始往事实方向进行的推理，又称为目标驱动推理或逆向推理。其基本思想是从表示目标的事实出发，使用一组知识证明事实成立，即提出一批假设（目标），然后逐一验证这些假设的正确性。反向推理控制策略的优点是目的性强，不必寻找与假设无关的信息和知识。这种策略对推理过程提供较精确的解释，告诉用户要达到目标所使用的规则（知识）。另外，此控制策略在解空间较小的问题求解环境下尤为合适，它利于向用户提供求解过程。缺点在于初始目标的选择有盲目性，不能通过用户提供的有用信息来操作，用户要求快速输入相应的问题领域，若不符合实际，则要多次提出假设，影响系统效率。与正向推理相比，反向推理的目的性很强，通常用于验证某一特定知识是否成立。

③ 混合推理，是把上述的正向推理与反向推理结合起来。其一般使用在已知的事实不充分、由正向推理推的结论可信度不高、希望得到更多的结论等条件下。

10.2 命题和谓词

数理逻辑的重要组成部分之一是逻辑演算，而逻辑演算又分为命题逻辑和谓词逻辑，而命题逻辑可以看成谓词逻辑的一种特殊形式。

10.2.1 命题和命题逻辑

命题是具有真假意义的语句，代表人们进行思维时的一种判断，或者是肯定，或者是否定。命题逻辑是谓词逻辑的基础。在现实世界中，有些陈述语句在特定情况下都具有“真”或“假”的含义，在逻辑上称这些语句为“命题”。如：

① 天在下雨；

② 天晴；

③ 日照的天气很宜人；

④ 我们在辛苦于远程研修中。

命题仅仅指能够判断真假的陈述句，而感叹句、疑问句、祈使句都不是命题。可以用符号表示命题，如 p: 2 是素数。表达单一意义的命题称为原子命题，原子命题可通过联结词（也称连词）构成复合命题，联结词有 5 种，定义为：

“$\neg$”表示否定，复合命题“$\neg Q$”即“$\neg Q$”；

“$\wedge$”表示合取，复合命题“$P \wedge Q$”表示“P 与 Q”；

"$\vee$"表示析取，复合命题"$P \vee Q$"表示"P 或 Q"；

"$\rightarrow$"表示条件，复合命题"$P \rightarrow Q$"表示"如果 P，那么 Q"

"$\leftrightarrow$"表示双条件，复合命题"$P \leftrightarrow Q$"即表示"P 当且仅当 Q"。

如苏格拉底三段论可以表示为：

p：凡人都是要死的；

q：苏格拉底是人；

r：苏格拉底是要死的。

命题可以符号化为：$(p \wedge q) \rightarrow r$。

命题逻辑中，把命题看成是不可分割的最小逻辑单元，它只分析命题与命题间的逻辑关系，无法研究命题内部的结构和命题之间的关系。要进一步研究这种关系，需要通过命题句子内部的概念来建立或表示不同命题间的联系，即将命题进一步分解为个体词、谓词和量词等，研究它们之间的形式结构和逻辑关系，总结出正确的推理形式和规则。

10.2.2 谓词与谓词逻辑

谓词逻辑是命题逻辑的扩充和发展，它将一个原子命题分解成个体和谓词两个组成部分。在谓词公式 $P(x)$中，P 称为谓词，x 称为个体变元，若只有一个变元 x，称 $P(x)$为一元谓词；若有两个变元 x，y，则称 $P(x，y)$为二元谓词，依次类推。

在谓词中，个体可以为常量、变量、函数。若谓词中的个体都为常量、变量或函数，则称它为一阶谓词；如果个体本身是谓词，称为二阶谓词，依此类推。谓词公式也有原子谓词公式、复合谓词公式等概念，利用命题逻辑的联结词可将原子谓词公式组合为复合谓词公式。

谓词逻辑中有全称量词和存在量词两个量词，表示了个体与个体域之间的包含关系。全称量词，表示该量词作用的辖域为个体域中"所有的个体 x"，即"每一个个体"都要遵从所约定的谓词关系；存在量词，表示该量词要求"存在于个体域中的某些个体 x"或"某个个体 x"要服从所约定的谓词关系。

由下述规则得到的谓词公式称为合式公式：

① 单个谓词和单个谓词的否定称为原子谓词公式（原子公式），原子谓词公式是合式公式；

② 若 A 是合式公式，则 $\neg A$ 也是合式公式；

③ 若 A、B 都是合式公式，则 $A \vee B$、$A \wedge B$、$A \rightarrow B$ 也都是合式公式；

④ 若 A 是合式公式，x 是任一个体变元，则$(x)A$ 和$-(x)A$ 也都是合式公式。

在合式公式中，连词的优先级别自高向低依序为：$\neg$，$\wedge$，$\vee$，$\rightarrow$。

用谓词公式表示知识的步骤如下：

① 定义要用的谓词及个体，确定每个谓词及个体的确切含义；

② 根据所要表达的事物或概念，为每个谓词中的变元赋以特定的值；

③ 根据所要表达的知识的语义，用适当的连接符号将各个谓词连接起来，形成谓词公式。

谓词逻辑的基本组成部分是谓词符号、变量符号、函数符号和常量符号，并用圆括弧、方括弧、花括弧和逗号隔开，以表示论域内的关系。

原子公式是由若干谓词符号和项组成的，只有当其对应的语句在定义域内为真时，才具

有值 T（真）；而当其对应的语句在定义域内为假时，该原子公式才具有值 F（假）。

谓词逻辑中的连词和量词有∧（与）、∨（或），全称量词（x），存在量词（x）。

原子公式是谓词演算的基本积木块，运用联结词能够组合多个原子公式构成比较复杂的合式公式。

用联结词∧把几个公式连接起来而构成的公式叫作合取式，而此合取式的每个组成部分叫作合取项。一些合式公式所构成的任一合取式也是一个合式公式。

用联结词∨把几个公式连接起来所构成的公式叫作析取式，而此析取式的每一组成部分叫作析取项。由一些合式公式所构成的任一析取式也是一个合式公式。

用联结词→连接两个公式所构成的公式叫作蕴含。蕴含的左式叫作前项，右式叫作后项。如果前项和后项都是合式公式，那么蕴含也是合式公式。

前面具有符号～的公式叫作否定式。一个合式公式的否定也是合式公式。

量化一个合式公式中的某个变量所得到的表达式也是合式公式。如果一个合式公式中某个变量是经过量化的，就把这个变量叫作约束变量，否则就叫它为自由变量。在合式公式中，如果所有变量都是受约束的，那么这样的合式公式叫作句子。

10.3 自然演绎推理

自然演绎推理是从一组已知为真的事实出发，直接运用经典逻辑中的推理规则推出结论的过程。其中，基本的推理规则有 P 规则、T 规则、假言推理和拒取式推理等。

① P 规则是指在推理的任何步骤上都可以引入前提，继续进行推理。

② T 规则是指在推理时，如果前面的步骤有一个或多个公式永真蕴含 S，则可以把 S 引入推理过程中。

③ 假言推理的一般形式是：

$$P, P \to Q \Rightarrow Q$$

它表示由 $P \to Q$ 及 P 为真，可推出 Q 为真。例如，由“如果 x 是水果,则 x 能吃”及“苹果是水果”可推出“苹果能吃”的结论。

④ 拒取式推理的一般形式是：

$$P \to Q, \neg Q \Rightarrow \neg P$$

它表示由 $P \to Q$ 为真及 Q 为假，可推出 P 为假。例如，由“如果下雨，则地上湿”及“地上不湿”可推出“没有下雨”的结论。

应注意避免如下两类错误：一类是肯定后件（Q）的错误；另一类是否定前件（P）的错误。所谓肯定后件是指，当 $P \to Q$ 为真时，希望通过肯定后件 Q 为真来推出前件 P 为真，这是不允许的。例如，伽利略在论证哥白尼的日心说时，曾使用了如下推理：

① 如果行星系统是以太阳为中心的，则金星会显示出位相变化；

② 金星显示出位相变化；

③ 所以，行星系统是以太阳为中心的。

这就是使用了肯定后件的推理，违反了经典逻辑的逻辑规则。

所谓否定前件是指，当$P \to Q$为真时，希望通过否定前件P来推出后件Q为假，这也是不允许的。例如，下面的推理就是使用了否定前件的推理，违反了逻辑规则：

① 如果上网，则能知道新闻；

② 没有上网；

③ 所以，不知道新闻。

这显然是不正确的，因为通过收听广播也会知道新闻。事实上，只要仔细分析关于$P \to Q$的定义，就会发现当$P \to Q$为真时，肯定后件或否定前件所得的结论既可能为真，也可能为假，不能确定。

一般来说，由已知事实推出的结论可能有多个，只要其中包含了待证明的结论，就认为问题得到了解决。自然演绎推理的优点是定理证明过程自然，容易理解；拥有丰富的推理规则，推理过程灵活，便于在推理规则中嵌入领域启发式知识。其缺点是容易产生组合爆炸，推理过程中得到的中间结论一般呈指数形式递增，这对于一个大的推理问题的解决来说是十分困难的，甚至是不可能实现的。

10.4 归结演绎推理

归结演绎推理本质上就是一种反证法，它是在归结推理规则的基础上实现的。为了证明一个命题P恒真，可证明其反命题$\neg P$恒假，即不存在使得$\neg P$为真的解释。由于量词以及嵌套的函数符号，使得谓词公式往往有无穷的指派，不可能一一测试$\neg P$是否为真或假。那么如何来解决这个问题呢？幸运的是存在一个域，即Herbrand域，它是一个可数无穷的集合，如果一个公式基于Herbrand解释为假，则就在所有的解释中取假值。基于Herbrand域，埃尔布朗（Herbrand D）给出了重要的定理，为不可满足的公式判定过程奠定了基础。Robinson给出了用于从不可满足的公式推出F的归结推理规则，为机器定理证明取得了重要的突破，使其达到了应用的阶段。

10.4.1 谓词公式化为子句集

归结证明过程是一种反驳程序，即不是证明一个公式是有效的，而是证明公式之非是不一致的。 这完全是为了方便，并且不失一般性。归结推理规则所应用的对象是命题或谓词合式公式的一种特殊形式，称为子句。因此在使用归结推理规则进行归结之前需要把合式公式化为子句式。

在数理逻辑中，我们知道如何把一个公式化成前束标准型$(Q_1x_1)\cdots(Q_nx_n)M$，由于M中不含量词，因此总可以把它变换成合取范式。无论是前束标准型还是合取范式都是与原来的合式公式等值的。

原子谓词公式及其否定统称为文字。例如，$P(x)$，$Q(x)$，$\neg P(x)$，$\neg Q(x)$等都是文字。而任何文字的析取式称为子句。例如，$P(x) \vee Q(x)$，$P(x, f(x)) \vee Q(x, g(x))$都是子句。不含任何文字的子句称为空子句NIL。由子句或空子句所构成的集合称为子句集。

谓词公式化成子句集的步骤如下。

（1）消去联接词“→”和“↔”

反复使用如下等价公式：

$P \to Q \Leftrightarrow \neg P \vee Q$

$P \leftrightarrow Q \Leftrightarrow (P \wedge Q) \vee (\neg P \wedge \neg Q)$

（2）将否定符号“¬”移到仅靠谓词的位置

① 反复使用双重否定率：

$\neg(\neg P) \Leftrightarrow P$

② 反复使用摩根定律：

$\neg(P \wedge Q) \Leftrightarrow \neg P \vee \neg Q$

$\neg(P \vee Q) \Leftrightarrow \neg P \wedge \neg Q$

③ 反复使用量词转换率：

$\neg(\forall x)P(x) \Leftrightarrow (\exists x)\neg P(x)$

$\neg(\exists x)P(x) \Leftrightarrow (\forall x)\neg P(x)$

（3）对变元标准化

在一个量词的辖域内，把谓词公式中受该量词约束的变元全部用另外一个没有出现过的任意变元代替，使不同量词约束的变元有不同的名字。

例如，式$(\forall x)((\exists y)\neg P(x, y) \vee (\exists y)(Q(x, y) \wedge \neg R(x, y)))$经变换后为：

$$(\forall x)((\exists y)\neg P(x, y) \vee (\exists z)(Q(x, z) \wedge \neg R(x, z))) \tag{10-1}$$

（4）化为前束范式

化为前束范式的方法：把所有量词都移到公式的左边，并且在移动时不能改变其相对顺序。

例如，式（10-1）化为前束范式后为：

$$(\forall x)(\exists y)(\exists z)(\neg P(x, y) \vee (Q(x, z) \wedge \neg R(x, z))) \tag{10-2}$$

（5）消去存在量词

消去存在量词时，需要区分以下两种情况。

① 若存在量词不出现在全称量词的辖域内（即它的左边没有全称量词），只要用一个新的个体常量替换受该存在量词约束的变元，就可消去该存在量词。

② 若存在量词位于一个或多个全称量词的辖域内，例如：

$$(\forall x_1)\cdots(\forall x_n)(\exists y)P(x_1, x_2, \cdots, x_n, y)$$

则需要用 Skolem 函数$f(x_1, \mathrm{x}_2, \cdots, x_n)$替换受该存在量词约束的变元$y$，然后再消去该存在量词。

例如，式（10-2）中存在量词$(\exists y)$和$(\exists z)$都位于$(\forall x)$的辖域内，因此都需要用 Skolem 函数来替换。设替换y和z的 Skolem 函数分别是$f(x)$和$g(x)$，则替换后的式子为：

$$(\forall x)(\neg P(x,f(x)) \vee (Q(x,g(x)) \wedge \neg R(x,g(x))))$$

（6）化为 Skolem 标准形

Skolem 标准形的一般形式为：

$$(\forall x_1)\cdots(\forall x_n)M(x_1,x_2, \cdots, x_n)$$

其中，$M(x_1,x_2, \cdots, x_n)$是 Skolem 标准形的母式，它由子句的合取所构成。把谓词公式化为 Skolem 标准形需要使用以下等价关系：

$$P\vee(Q\wedge R) \Leftrightarrow (P\vee Q)\wedge(P\vee R)$$

例如，前面的公式化为 Skolem 标准形后为：

$$(\forall x)((\neg P(x,f(x))\vee Q(x,g(x))\wedge(\neg P(x,f(x))\vee\neg R(x,g(x))))$$

（7）消去全称量词

由于母式中的全部变元均受全称量词的约束，并且全称量词的次序已无关紧要，因此可以省掉全称量词。但剩下的母式，仍假设其变元是被全称量词量化的。

例如，上式消去全称量词后为：

$$(\neg P(x,f(x))\vee Q(x,g(x)))\wedge(\neg P(x,f(x))\vee \neg R(x,g(x)))$$

（8）消去合取词

在母式中消去所有合取词，把母式用子句集的形式表示出来。

例如，上式的子句集中包含以下两个子句：

$$\neg P(x,f(x))\vee Q(x,g(x))$$
$$\neg P(x,f(x))\vee\neg R(x,g(x))$$

（9）更换变量名称

对子句集中的某些变量重新命名，使任意两个子句中不出现相同的变量名。

例如，对前面的公式，可把第二个子句集中的变元名 x 更换为 y，得到如下子句集：

$$\neg P(x,f(x))\vee Q(x,g(x))$$
$$\neg P(y,f(\mathrm{y}))\vee\neg R(y,g(y))$$

定理：设有谓词公式 F，其标准子句集为 S，则 F 为不可满足的充要条件是 S 为不可满足的。

由此定理可知，为了证明一个谓词公式是不可满足的，只要证明相应的子句集是不可满足的就可以了。

10.4.2 等价式

设 P 与 Q 是 D 上的两个谓词公式，若对 D 上的任意解释，P 与 Q 都有相同的真值，则称 P 与 Q 在 D 上是等价的。如果 D 是任意非空个体域，则称 P 与 Q 是等价的，记做 $P\Leftrightarrow Q$。

① 双重否定律：$\neg\neg P\Leftrightarrow P$

② 交换律：$P\vee Q\Leftrightarrow Q\vee P, P\wedge Q\Leftrightarrow Q\wedge P$

③ 结合律：$(P\vee Q)\vee R\Leftrightarrow P\vee(Q\vee R)$

$(P\wedge Q)\wedge R\Leftrightarrow P\wedge(Q\wedge R)$

④ 分配律：$P\vee(Q\wedge R)\Leftrightarrow(P\vee Q)\wedge(P\vee R)$

$P\wedge(Q\vee R)\Leftrightarrow(P\wedge Q)\vee(P\wedge R)$

⑤ 摩根定律：$\neg(P\vee Q)\Leftrightarrow\neg P\wedge\neg Q$

$\neg(P\wedge Q)\Leftrightarrow\neg P\vee\neg Q$

⑥ 吸收律：$P\vee(P\wedge Q)\Leftrightarrow P, P\wedge(P\vee Q)\Leftrightarrow P$

⑦ 补余律：$P \vee \neg P \Leftrightarrow T, P \wedge \neg P \Leftrightarrow F$

⑧ 连词化归律：$P \rightarrow Q \Leftrightarrow \neg P \vee Q$

$P \leftrightarrow Q \Leftrightarrow (P \rightarrow Q) \wedge (Q \rightarrow P)$

$P \leftrightarrow Q \Leftrightarrow (P \wedge Q) \vee (\neg Q \wedge \neg P)$

⑨ 量词转换律：$\neg(\exists x)P(x) \Leftrightarrow (\forall x)(\neg P(x))$

$\neg(\forall x)P(x) \Leftrightarrow (\exists x)(\neg P(x))$

⑩ 量词分配律：$(\forall x)(P(x) \wedge Q(x)) \Leftrightarrow (\forall x)P(x) \wedge (\forall x)Q(x)$

10.4.3 永真蕴含式

对谓词公式 P 和 Q，如果 $P \rightarrow Q$ 永真，则称 P 永真蕴含 Q，且称 Q 为 P 的逻辑结论，P 为 Q 的前提，记做 $P \Rightarrow Q$。

① 化简式：$P \wedge Q \Rightarrow P, P \wedge Q \Rightarrow Q$

② 附加式：$P \Rightarrow P \vee Q, Q \Rightarrow P \vee Q$

③ 析取三段论：$\neg P, P \vee Q \Rightarrow Q$

④ 假言推理：$P, P \rightarrow Q \Rightarrow Q$

⑤ 拒取式：$\neg Q, P \rightarrow Q \Rightarrow \neg P$

⑥ 假言三段论：$P \rightarrow Q, Q \rightarrow R \Rightarrow P \rightarrow R$

⑦ 二难推理：$P \vee Q, P \rightarrow R, Q \rightarrow R \Rightarrow R$

⑧ 全称固化：$(\forall x)P(x) \Rightarrow P(y)$

式中，y 是个体域中的任一个体。利用此永真蕴含式可消去谓词公式中的全称量词。

⑨ 存在固化：$(\exists x)P(x) \Rightarrow P(y)$

式中，y 是个体域中某一个可以使 $P(y)$为真的个体，利用此永真蕴含式可消去谓词公式中的存在量词。

10.4.4 置换和合一

置换和合一是为了处理谓词逻辑中子句之间的模式匹配而引进的。

在不同的谓词公式中，往往会出现多个谓词的谓词名相同但个体不同的情况，此时推理过程是不能直接进行匹配的，需要先进行变元的替换。

（1）置换

置换是形如 $\{t_1/x_1, t_2/x_2, \cdots, t_n/x_n\}$ 的有限集合。

式中，$t_1, t_2, \cdots, t_n$ 是项；$x_1, x_2, \cdots, x_n$ 是互不相同的变元；t_i/x_i 表示用 t_i 替换 x_i，并且要求 t_i 不能与 x_i 相同，x_i 不能循环地出现在另一个 t_i 中。

例如，$\{a/x, c/y, f(b)/z\}$ 是一个置换。但是 $\{g(z)/x, f(x)/z\}$ 不是一个置换，原因是在 x 与 z 之间出现了循环置换现象。引入置换的目的本来是要将某些变元用另外的变元、常量或函数来替换，使其不在公式中出现。但在 $\{g(z)/x, f(x)/z\}$ 中，它用 $g(z)$置换 x，用 $f(g(z))$置换 z，既没有消去 x，也没有消去 z，因此它不是一个置换。

（2）合一

合一（unifier）可以简单地理解为利用置换使两个或多个谓词的个体一致。

设有公式集 $F=\{F_1,F_2,\cdots,F_n\}$，若存在一个置换 θ,可使 $F_1\theta=F_2\theta=\cdots=F_n\theta$，则称 θ 是 F 的一个合一，称 $F_1,F_2,\cdots,F_n$ 是可合一的。

例如，设有公式集 $F=\{P(x,y,f(y)), P(a,g(x),z)\}$，则：

$$\lambda=\{a/x, g(a)/y, f(g(a))/z\}$$

是它的一个合一。也称 F 中的两个谓词 $P(x,y,f(y))$和 $P(a,g(x),z)$是可合一的。

① 最一般合一：设 σ 是公式集 F 的一个合一，如果对 F 的任一个合一 θ 都存在一个置换 λ，使得 $\theta=\sigma\circ\lambda$，则称 σ 是一个最一般合一。

② 差异集。设有如下两个谓词公式：

F_1：$P(x, y, z)$

F_2：$P(x, f(A), h(B))$

分别从 F_1 与 F_2 的第一个符号开始，逐个向右比较，此时发现 F_1 与 F_2 构差异集：

$D_1=\{y, f(A)\}$，$D_2=\{z, h(B)\}$

求最一般合一算法。

例 设有公式集：

$$F=\{P(A, x, f(g(y))), P(z, f(z), f(u))\}$$

求其最一般合一。

解：初始化，令 $k=0$，$\sigma_0=\varepsilon$，$F_0=F=\{P(A, x, f(g(y))), P(z, f(z), f(u))\}$。

Loop 1：$F_0=\{P(A, x, f(g(y))), P(z, f(z), f(u))\}$含有 2 个表达式，故 σ_0 不是最一般合一。

F_0 的差异集 $D_0=\{A, z\}$，可有代换 A/z，

$\sigma_1=\sigma_0\circ\{A/z\}=\{A/z\}$

$F_1=F_0\{A/z\}=\{P(A, x, f(g(y))), P(A, f(A), f(u))\}$

Loop 2：

$F_2=\{P(A, f(A), f(g(y))), P(A, f(A), f(u))\}$含有 2 个表达式，故 σ_2 不是最一般合一。

F_2 的差异集 $D_2=\{g(y), u\}$，可有代换$\{g(y)/u\}$，

$\sigma_3=\sigma_2\circ\{g(y)/u\}=\{A/z, f(A)/x\}\circ\{g(y)/u\}=\{A/z, f(A)/x, g(y)/u\}$

$F_3=F_2\{g(y)/u\}=\{P(A, f(A), f(g(y))), P(A, f(A), f(g(y)))\}=\{P(A, f(A), f(g(y)))\}$

Loop 3：F_3 中只含有一个表达式，故算法成功终止，$\sigma_3=\{A/z, f(A)/x, g(y)/u\}$，即为公式集 F 的最一般合一。

10.4.5 归结原理（定理证明）

首先把欲证明问题的结论否定，并加入子句集，得到一个扩充的子句集 S'。然后设法检验子句集 S'是否含有空子句，若含有空子句，则表明 S'是不可满足的；若不含空子句，则继续使用归结法，在子句集中选择合适的子句进行归结，直至导出空子句或不能继续归结为止。归结就是不断对子句求合取的过程。

命题逻辑的归结原理：子句集 S 是不可满足的，当且仅当存在一个从 S 到空子句的归结过程。

谓词逻辑的归结原理：在谓词逻辑中，由于子句集中的谓词一般都含有变元，因此不能

像命题逻辑那样直接消去互补文字。而需要先用一个最一般合一对变元进行代换，然后才能进行归结。

10.4.6 归结反演（问题求解）

归结原理除了可用于定理证明外，还可用来求取问题答案，其思想与定理证明相似。其一般步骤为：

① 把已知前提用谓词公式表示出来，并且化为相应的子句集 S；

② 把待求解的问题也用谓词公式表示出来，然后把它的否定式与谓词 ANSWER 构成一个析取式，ANSWER 是一个为了求解问题而专设的谓词，其变元数量和变元名必须与问题公式的变元完全一致；

③ 把此析取式化为子句集，并且把该子句集并入子句集 S 中，得到子句集 S'；

④ 对 S'应用归结原理进行归结；

⑤ 若在归结树的根节点中仅得到归结式 ANSWER，则答案就在 ANSWER 中。

10.5 与或型演绎推理

与或型演绎推理是将领域知识和已知事实分别用蕴含式和与或型表示，然后运用蕴含式进行演绎推理，从而证明某个目标公式。

（1）与或型正向演绎推理

从已知事实出发，正向使用蕴含式（F 规则）进行演绎推理。

（2）与或型反向演绎推理

从目标公式的与或树出发，反向使用规则（B 规则），直至得出所有含有事实的节点。

10.6 产生式系统

产生式系统（production system）由波斯特（Post）于 1943 年提出的产生式规则（production rule）而得名。人们用这种规则对符号进行置换运算。1965 年美国的纽厄尔和西蒙利用这个原理建立了一个人类的认知模型。同年，斯坦福大学利用产生式系统结构设计出第一个专家系统 DENDRAL。

产生式系统用来描述若干个不同的以一个基本概念为基础的系统。这个基本概念就是产生式规则或产生式条件和操作对的概念。在产生式系统中，论域的知识分为两部分：用事实表示静态知识，如事物、事件和它们之间的关系；用产生式规则表示推理过程和行为。由于这类系统的知识库主要用于存储规则，因此把这类系统称为基于规则的系统（rule-based system）。

（1）产生式概念

产生式系统简称产生式。它是指形如→或 IF-THEN 或其等价形式的一条规则,其中箭头左边称为产生式的左部或前件;箭头右边称为产生式的右部或后件。如果前件和后件分别代表需要注视的一组条件及其成立时需要采取的行动，那么称为条件-行动型产生式；如果前件和后件分别代表前提及其相应的结论,那么称为前提-结论型产生式。

（2）产生式特点

产生式是系统的单元程序，它与常规程序不同之处在于，产生式是否执行并不在事前硬性规定，各产生式之间也不能相互直接调用，而完全决定于该产生式的作用条件能否满足，即能否与全局数据库的数据条款匹配。因此在人工智能中常将产生式称为一种守护神（demon），即“伺机而动”之意。另一方面，产生式在执行之后工作环境即发生变化，因而必须对全局数据库的条款作相应修改，以反映新的环境条件。全部工作是在控制程序作用下进行的。现代产生式系统的一个工作循环通常包含匹配、选优、行动三个阶段。匹配通过的产生式组成一个竞争集，必须根据选优策略在其中选用一条,当选的产生式除了执行规定动作外，还要修改全局数据库的有关条款。因此现代产生式系统的控制程序常按功能划分为若干程序。

（3）产生式优缺点

产生式系统的优点是：模块性，每一产生式可以相对独立地增加、删除和修改；均匀性，每一产生式表示整体知识的一个片段，易于被用户或系统的其他部分理解；自然性，能自然地表示直观知识。它的缺点是执行效率低，此外每一条产生式都是一个独立的程序单元，一般相互之间不能直接调用也不彼此包含，控制不便，因而不宜用来求解理论性强的问题。

（4）产生式应用

人工智能中的推理很多是建立在直观经验基础上的不精确推理，而产生式在表示和运用不精确知识方面具有灵活性，因此许多专家系统采用产生式系统为体系结构，产生式系统被广泛地运用于专家系统等模块。

10.7 编程实践

10.7.1 自然演绎推理实例

例 设已知如下事实：

① 只要是需要编程序的课，王程都喜欢。

② 所有的程序设计语言课都是需要编程序的课。

③ C 是一门程序设计语言课。

求证：王程喜欢 C 这门课。

证明：①首先定义谓词。

Prog(x), x 是需要编程序的课。

Like(x, y), x 喜欢 y。

Lang(x), x 是一门程序设计语言课。

② 把已知事实及待求解问题用谓词公式表示如下：

Prog(x)→Like(Wang, x)

(∀x)(Lang(x)→Prog(x))

Lang(C)

③ 应用推理规则进行推理：

Lang(y)→Prog(y) 全称固化；

Lang(C), Lang(y)→Prog(y)⇒Prog(C)假言推理{C/y}；

Prog(C), Prog(x)→Like(Wang, x)⇒Like(Wang, C)假言推理{C/x}。

因此，王程喜欢 C 这门课。

10.7.2 动物识别系统

在本例子中，实现了一个基于产生式规则的动物识别系统——识别虎、金钱豹、斑马、长颈鹿、鸵鸟、企鹅、信天翁等七种动物的产生式系统。可以实现的功能包括：

① 以动物识别系统的产生规则为例，建造规则库和综合数据库，并能对它们进行添加、删除和修改操作。

② 基于建立的规则库和综合数据库，进行推理。

③ 说明和解释推理结果。

（1）产生式规则

r1：IF 该动物有毛发	THEN 该动物是哺乳动物	
r2：IF 该动物有奶	THEN 该动物是哺乳动物	
r3：IF 该动物有羽毛	THEN 该动物是鸟	
r4：IF 该动物会飞	AND 会下蛋	THEN 该动物是鸟
r5：IF 该动物吃肉	THEN 该动物是食肉动物	
r6：IF 该动物有犬齿	AND 有爪	AND 盯着前方
		THEN 该动物是食肉动物
r7：IF 该动物是哺乳动物	AND 有蹄	THEN 该动物是有蹄类动物
r8：IF 该动物是哺乳动物	AND 是反刍动物	THEN 该动物是有蹄类动物
r9：IF 该动物是哺乳动物	AND 是食肉动物	AND 是黄褐色
	AND 身上有暗斑点	THEN 该动物是金钱豹
r10：IF 该动物是哺乳动物	AND 是食肉动物	AND 是黄褐色
	AND 有黑色条纹	THEN 该动物是虎
r11：IF 该动物是蹄类动物	AND 有长脖子	AND 有长腿
	AND 身上有斑点	THEN 该动物是长颈鹿
r12：IF 该动物是蹄类动物	AND 身上有黑条纹	THEN 该动物是斑马
r13：IF 该动物是鸟	AND 有长脖子	AND 有长腿
	AND 不会飞	AND 有黑白两色
		THEN 该动物是鸵鸟
r14：IF 该动物是鸟	AND 会游泳	AND 不会飞
	AND 有黑白两色	THEN 该动物是企鹅

r15：IF 该动物是鸟　　　AND 善飞　　　　　　THEN 该动物是信天翁

（2）解决思路

① 首先将每一个前提条件、中间结论、结论转换为一个对应的唯一的数学数字。

前提条件：

1	有毛发	6	吃肉	11	反刍	16	长腿
2	产奶	7	有犬齿	12	黄褐色	17	不会飞
3	有羽毛	8	有爪	13	有斑点	18	会游泳
4	会飞	9	眼盯前方	14	有黑色条纹	19	黑白二色
5	会下蛋	10	有蹄	15	长脖	20	善飞

中间结论：

21	哺乳类	22	鸟类	23	食肉类	24	蹄类

结论：

25	金钱豹	27	长颈鹿	29	鸵鸟	31	信天翁
26	虎	28	斑马	30	企鹅		

代码如下：

```
dict_before={'1':'有毛发','2':'产奶','3':'有羽毛','4':'会飞','5':'会下蛋','6':
'吃肉','7':'有犬齿',
                '8':'有爪','9':'眼盯前方','10':'有蹄','11':'反刍','12':'黄
褐色','13': '有斑点','14':'有黑色条纹',
                '15':'长脖','16':'长腿','17':'不会飞','18':'会游泳','19':'
黑白二色','20':'善飞','21':'哺乳类',
                '22':'鸟类','23':'食肉类','24':'蹄类','25':'金钱豹','26':'
虎','27':'长颈鹿','28':'斑马',
                '29':'鸵鸟','30':'企鹅','31':'信天翁'}
```

② 然后将产生式规则进行转换，如下所示：

1→21	有毛→哺乳类	21,23,12,13→25	哺乳类，食肉类，黄褐色，有斑点→金钱豹
2→21	产奶→哺乳类	21,23,12,14→26	哺乳类，食肉类，黄褐色，有黑色条纹→虎
3→22	有羽毛→鸟类	24,15,16,13→27	蹄类，长脖，长腿，有斑点→长颈鹿
4,5→22	会飞，会下蛋→鸟类	24,14→28	蹄类，有黑色条纹→斑马
21,6→23	哺乳类，吃肉→食肉类	22,15,16,17→29	鸟类，长脖，长腿，不会飞→鸵鸟
7,8,9→23	有犬齿，有爪，眼盯前方→食肉类	22,18,19,17→30	鸟类，会游泳，黑白二色，不会飞→企鹅
21,10→24	哺乳类，有蹄→蹄类	22,20→31	鸟类，善飞→信天翁
21,11→24	哺乳类，反刍→蹄类		

③ 对已经整理好的综合数据库进行最终结果判断的代码如下：

```
#自定义函数，判断有无重复元素
def judge_repeat(value,list=[]):
    for i in range(0,len(list)):
        if(list[i]==value):
            return 1
        else:
            if(i!=len(list)-1):
```

```
                continue
            else:
                return 0
#自定义函数，对已经整理好的综合数据库 real_list 进行最终的结果判断
def judge_last(list):
    for i in list:
        if(i=='23'):
            for i in list:
                if(i=='12'):
                    for i in list:
                        if(i=='21'):
                            for i in list:
                                if(i=='13'):
                                     print("黄褐色，有斑点,哺乳类，食肉类->金钱豹\n")
                                     print("所识别的动物为金钱豹")
                                     return 0
                                elif(i=='14'):
                                    print("黄褐色，有黑色条纹，哺乳类，食肉类->虎\n")
                                    print("所识别的动物为虎")
                                    return 0
        elif(i=='14'):
            for i in list:
                if(i=='24'):
                    print("有黑色条纹，蹄类->斑马\n")
                    print("所识别的动物为斑马")
                    return 0
        elif(i=='24'):
            for i in list:
                if(i=='13'):
                    for i in list:
                        if(i=='15'):
                            for i in list:
                                if(i=='16'):
                                    print("有斑点，长腿，长脖，蹄类->长颈鹿\n")
                                    print("所识别的动物为长颈鹿")
                                    return 0
        elif(i=='20'):
            for i in list:
                if(i=='22'):
                    print("善飞，鸟类->信天翁\n")
                    print("所识别的动物为信天翁")
                    return 0
        elif(i=='22'):
            for i in list:
                if(i=='17'):
                    for i in list:
                        if(i=='15'):
                            for i in list:
                                if(i=='16'):
                                    print("不会飞，长脖，长腿，鸟类->鸵鸟\n")
                                    print("所识别的动物为鸵鸟")
                                    return 0
        elif(i=='17'):
```

```
        for i in list:
            if(i=='22'):
                for i in list:
                    if(i=='18'):
                        for i in list:
                            if(i=='19'):
                                print("不会飞，会游泳，黑白二色，鸟类->企鹅\n")
                                print("所识别的动物为企鹅")
                                return 0
    else:
        if(list.index(i) != len(list)-1):
            continue
        else:
            print("\n 根据所给条件无法判断为何种动物")
```

④ 推理的中间结论及解释代码如下：

```
#遍历综合数据库 list_real 中的前提条件
for i in list_real:
    if(i=='1'):
        if(judge_repeat('21',list_real)==0):
            list_real.append('21')
            print("有毛发->哺乳类")
    elif(i=='2'):
        if(judge_repeat('21',list_real)==0):
            list_real.append('21')
            print("产奶->哺乳类")
    elif(i=='3'):
        if(judge_repeat('22',list_real)==0):
            list_real.append('22')
            print("有羽毛->鸟类")
    else:
        if(list_real.index(i) !=len(list_real)-1):
            continue
        else:
            break
for i in list_real:
    if(i=='4'):
        for i in list_real:
            if(i=='5'):
                if(judge_repeat('22',list_real)==0):
                    list_real.append('22')
                    print("会飞，会下蛋->鸟类")
    elif(i=='6'):
        for i in list_real:
            if(i=='21'):
                if(judge_repeat('21',list_real)==0):
                    list_real.append('21')
                    print("哺乳类,吃肉->食肉类")
    elif(i=='7'):
        for i in list_real:
            if(i=='8'):
                for i in list_real:
                    if(i=='9'):
```

```
                    if(judge_repeat('23',list_real)==0):
                        list_real.append('23')
                        print("有犬齿,有爪,眼盯前方->食肉类")
    elif(i=='10'):
        for i in list_real:
            if(i=='21'):
                if(judge_repeat('24',list_real)==0):
                    list_real.append('24')
                    print("有蹄，哺乳类->蹄类")
    elif(i=='11'):
        for i in list_real:
            if(i=='21'):
                if(judge_repeat('24',list_real)==0):
                    list_real.append('24')
                    print("反刍，哺乳类->蹄类")
    else:
        if(i !=len(list_real)-1):
            continue
        else:
            break
```

只要循环输入前提条件所对应的字典中的键（当输入数字 0 时则结束输入），就可以得到动物识别系统的结果。

输入对应条件前面的数字：

```
****************************************************
*1：有毛发  2：产奶  3：有羽毛  4：会飞  5：会下蛋        *
*6：吃肉  7：有犬齿  8：有爪  9：眼盯前方  10：有蹄       *
*11：反刍  12：黄褐色  13：有斑点  14：有黑色条纹  15：长脖 *
*16：长腿  17：不会飞  18：会游泳  19：黑白二色  20：善飞  *
*21：哺乳类  22：鸟类  23：食肉类  24：蹄类             *
****************************************************
******************当输入数字 0 时!程序结束***************

请输入：22
请输入：18
请输入：19
请输入：17
请输入：0

前提条件为：
鸟类 会游泳 黑白二色 不会飞

推理过程如下：
不会飞，会游泳，黑白二色，鸟类->企鹅

所识别的动物为企鹅
```

动物识别系统程序

课后练习

一、正误题

1. 证明是根据已知为真的命题，来确定某一命题真实性的思维形式。( )

2. 当 $P\to Q$ 为真时，我们可以通过肯定后件 Q 为真来推出前件 P 为真。( )

3. 由 $P\to\neg Q$ 为假，可知 P 为真，Q 为真。( )

4. 在不同谓词公式中，出现的多个谓词的谓词名相同但个体不同的情况，此时推理过程可以直接进行匹配。( )

5. 由 $\neg P\vee Q$ 为真，可推出 $P\to Q$ 为真。( )

二、选择题

1. 假设 P 为真，Q 为假，下列公式为真的是 ( )。

A. $P\vee Q$　　B. $P\wedge Q$　　C. $P=>Q$　　D. $\sim P$

2. 谓词演算的基本积木块是 ( )。

A. 谓词符号　　B. 合式公式　　C. 原子公式　　D. 量词

3. 当 P 为真，$\neg Q$ 也为真时，下列为真的公式是 ( )。

A. $P\wedge Q$　　B. $P\vee Q$　　C. $P\to Q$　　D. $P\leftrightarrow Q$

4. 经典逻辑推理的方法不包括哪个？( )

A. 自然演绎推理　　B. 归结演绎推理　　C. 与或型演绎推理　　D. 假设推理

5. 下列说法不正确的是 ( )。

A. 永真性：如果谓词公式 P 对个体域 D 上的任何一个解释都取得真值 T，则称 P 在 D 上是永真的

B. 可满足性：对于谓词公式 P，如果至少存在一个解释使得公式 P 在此解释下的真值为 T，则称公式 P 是可满足的

C. 永真性：如果谓词公式 P 对个体域 D 上，存在一个解释都取得真值 T，则称 P 在 D 上是永真的

D. 不可满足性：如果谓词公式 P 对个体域 D 上的任何一个解释都取得真值 F，则称 P 在 D 上是永久假的，如果 P 在每个非空个体域上均永假，则称 P 永假

6. 下列哪个公式是正确的 ( )。

A. $(P\to Q)\wedge(Q\to P)\Leftrightarrow P\wedge(Q\wedge R)$

B. $(P\wedge Q)\wedge R\Leftrightarrow P\wedge(Q\wedge R)$

C. $P\vee(Q\wedge R)\Leftrightarrow(P\wedge Q)\vee(P\wedge R)$

D. $\neg(\exists x)P(x)\Leftrightarrow(\exists x)(\neg P(x))$

三、编程题

1. 任何兄弟都有同一个父亲，John 和 Peter 是兄弟，且 John 的父亲是 David，问 Peter 的父亲是谁？

2. 张某被盗，公安局派出五个侦察员去调查。研究案情时，侦察员 A 说“赵与钱中至少有一人作案”；侦察员 B 说“钱与孙中至少有一人作案”；侦察员 C 说“孙与李中至少有一人作案”；侦察员 D 说“赵与孙中至少有一人与此案无关”；侦察员 E 说“钱与李中至少有一人与此案无关”。如果这五个侦察员的话都是可信的，试用归结演绎推理求出谁是盗窃犯。

参考答案

第四部分

领域应用

人工智能无处不在，已成为最热门的科技话题之一，未来商业价值显著。人工智能目前在自然语言处理、计算机视觉、语音识别、专家系统以及交叉领域等方面的应用结果较为显著。

第11章

专家系统

学习意义

本章主要介绍专家系统的定义、结构、特点和类型，分析了基于规则的专家系统、基于框架的专家系统和基于模型的专家系统，归纳了协同式和分布式等新型专家系统，并结合实例介绍了专家系统的设计方法和开发工具。

学习目标

- 了解专家系统的构建过程，能构建基本的专家系统。

专家系统

11.1 专家系统

专家系统是一个含有大量的某个领域专家水平的知识与经验的智能计算机程序系统，能够利用人类专家的知识和解决问题的方法来处理该领域问题。简而言之，专家系统是一种模拟人类专家解决领域问题的计算机程序系统。

专家系统具有以下特点：①启发性：专家系统能运用专家的知识与经验进行推理、判断和决策；②透明性：专家系统能够解释本身的推理过程和回答用户提出的问题，以便让用户了解推理过程，提高对专家系统的信赖感；③灵活性：专家系统能不断地增长知识，修改原有知识，不断更新。

根据所应用的场景不同，专家系统主要有：

① 解释专家系统，通过对过去和现在已知状况的分析，推断未来可能发生的情况。这种专家系统数据量很大，常不准确、有错误、不完全能从不完全的信息中得出解释，并能对数据做出某些假设，推理过程可能很复杂和很长，如语音理解、图像分析、系统监视、化学结构分析和信号解释等。

② 预测专家系统，通过对已知信息和数据的分析与解释，确定它们的含义。系统处理的数据随时间变化，且可能是不准确和不完全的，系统需要有适应时间变化的动态模型，如气象预报、军事预测、人口预测、交通预测、经济预测和谷物产量预测等。

③ 诊断专家系统，根据观察到的情况（数据）来推断出某个对象机能失常（即故障）的原因。这种专家系统能够了解被诊断对象或客体各组成部分的特性以及它们之间的联系，能

够区分一种现象及其所掩盖的另一种现象，能够向用户提出测量的数据，并从不确切信息中得出尽可能正确的诊断，如医疗诊断、电子机械和软件故障诊断以及材料失效诊断等。

④ 设计专家系统，根据设计要求，求出满足设计问题约束的目标配置。从多种约束中得到符合要求的设计；系统需要检索较大的可能解空间；能试验性地构造出可能设计；易于修改；能够使用已有设计来解释当前新的设计。如 VAX 计算机结构设计专家系统等。

⑤ 规划专家系统，寻找出某个能够达到给定目标的动作序列或步骤。所要规划的目标可能是动态的或静态的，需要对未来动作做出预测，所涉及的问题可能很复杂。如军事指挥调度系统、ROPES 机器人规划专家系统、汽车和火车运行调度专家系统等。

⑥ 监视专家系统，对系统、对象或过程的行为进行不断观察，并把观察到的行为与其应当具有的行为进行比较，以发现异常情况，发出警报。系统具有快速反应能力，发出的警报要有很高的准确性，能够动态地处理其输入信息。如粘虫测报专家系统。

⑦ 控制专家系统，自适应地管理一个受控对象或客体的全面行为，使之满足预期要求。控制专家系统具有解释、预报、诊断、规划和执行等多种功能。如空中交通管制、商业管理、自主机器人控制、作战管理、生产过程控制和质量控制等。

⑧ 调试专家系统，对失灵的对象给出处理意见和方法。同时具有规划、设计、预报和诊断等专家系统的功能。

⑨ 教学专家系统，根据学生的特点、弱点和基础知识，以最适当的教案和教学方法对学生进行教学和辅导。同时具有诊断和调试等功能，具有良好的人机界面。如 MACSYMA 符号积分与定理证明系统、计算机程序设计语言和物理智能计算机辅助教学系统以及聋哑人语言训练专家系统等。

⑩ 修理专家系统，对发生故障的对象（系统或设备）进行处理，使其恢复正常工作。修理专家系统具有诊断、调试、计划和执行等功能。如美国贝尔实验室的 ACI 电话和有线电视维护修理系统。

此外，还有决策专家系统和咨询专家系统等。

近年来，在讨论专家系统的利弊时，有些人工智能学者认为：专家系统发展出的知识库思想是很重要的，它不仅促进人工智能的发展，而且对整个计算机科学的发展影响甚大。不过，基于规则的知识库思想却限制了专家系统的进一步发展。

在专家系统的基础上，新型专家系统不仅采用各种定性模型，而且运用人工智能和计算机技术的一些新思想与新技术，如分布式、协同式和学习机制等。新型专家系统具有下列特征：

（1）并行与分布处理

基于各种并行算法，采用各种并行推理和执行技术，适合在多处理器的硬件环境中工作，即具有分布处理的功能，是新型专家系统的一个特征。系统中的多处理器应该能同步地并行工作，但更重要的是它还应能作异步并行处理。可以按数据驱动或要求驱动的方式实现分布在各处理器上的专家系统的各部分间的通信和同步。专家系统的分布处理特征要求专家系统做到功能合理均衡地分布，以及知识和数据适当地分布，着眼点主要在于提高系统的处理效率和可靠性等。

（2）多专家系统协同工作

为了拓展专家系统解决问题的领域或使一些互相关联的领域能用一个系统来解题，提出了所谓协同式专家系统的概念。在这种系统中，有多个专家系统协同合作。各子专家系统间可以互相通信，一个（或多个）子专家系统的输出可能就是另一子专家系统的输入，有些子专家系统的输出还可作为反馈信息输入自身或其先辈系统中去，经过迭代求得某种“稳定”状态。多专家系统的协同合作自然也可在分布的环境中工作，但其着眼点主要在于通过多个子专家系统协同工作扩大整体专家系统的解题能力，而不像分布处理特征那样主要是为了提高系统的处理效率。

（3）高级语言和知识语言描述

为了建立专家系统，知识工程师只需用一种高级专家系统描述语言对系统进行功能性能以及接口描述，并用知识表示语言描述领域知识，专家系统生成系统就能自动或半自动地生成所要的专家系统。这包括自动或半自动地选择或综合出一种合适的知识表示模式，把描述的知识形成一个知识库，并随之形成相应的推理执行机构、辩解机构、用户接口以及学习模块等。

（4）具有自学习功能

新型专家系统应提供高级的知识获取与学习功能。应提供合用的知识获取工具，从而对知识获取这个“瓶颈”问题有所突破。这种专家系统应该能根据知识库中已有的知识和用户对系统提问的动态应答进行推理以获得新知识，总结新经验，从而不断扩充知识库，这就是所谓的自学习机制。

（5）引入新的推理机制

现存的大部分专家系统只能作演绎推理。在新型专家系统中，除演绎推理之外，还应有归纳推理（包括联想、类比等推理）、各种非标准逻辑推理（例如非单调逻辑推理、加权逻辑推理等）以及各种基于不完全知识和模糊知识的推理等，在推理机制上应有一个突破。

（6）具有自我纠错和自我完善能力

为了排错必须首先有识别错误的能力，为了完善必须首先有鉴别优劣的标准。有了这种功能和上述的学习功能后，专家系统就会随着时间的推移，通过反复运行不断地修正错误，不断完善自身，并使知识越来越丰富。

（7）先进的智能人机接口

理解自然语言，实现语声、文字、图形和图像的直接输入输出是如今人们对智能计算机提出的要求，也是对新型专家系统的重要期望。这一方面需要硬件的有力支持，另一方面应该看到，先进的软件技术将使智能接口的实现大放异彩。

11.2 专家系统的结构和建造步骤

11.2.1 专家系统的简化结构

专家系统的结构是指专家系统各组成部分的构造方法和组织形式。系统结构选择恰当与否是与专家系统的适用性和有效性密切相关的。选择什么结构最为恰当，要根据系统的应用环境和所执行任务的特点而定。图 11-1 是专家系统的简化结构图。

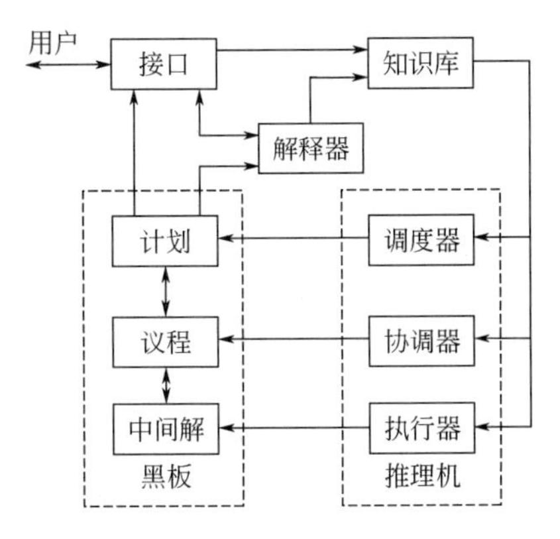

图 11-1　专家系统简化结构图

在专家系统结构中，接口是人与系统进行信息交流的媒介，它为用户提供了直观方便的交互作用手段。黑板是用来记录系统推理过程中用到的控制信息、中间假设和中间结果的数据库。它包括计划、议程和中间解三部分。知识库包括两部分内容。一部分是已知的同当前问题有关的数据信息；另一部分是进行推理时要用到的一般知识和领域知识。调度器按照系统建造者所给的控制知识，从议程中选择一个项作为系统下一步要执行的动作。执行器应用知识库中的及黑板中记录的信息，执行调度器所选定的动作。协调器的主要作用就是当得到新数据或新假设时，对已得到的结果进行修正，以保持结果前后的一致性。解释器的功能是向用户解释系统的行为，包括解释结论的正确性及系统输出其他候选解的原因。

与一般应用程序把问题求解的知识隐含地编入程序不同，专家系统把其应用领域的问题求解知识单独组成一个实体，即知识库。知识库的处理是通过与知识库分开的控制策略进行的。更明确地说，一般应用程序把知识组织为两级：数据级和程序级；大多数专家系统则将知识组织成三级：数据、知识库和控制。

11.2.2　专家系统的开发

专家系统的开发主要是知识库的开发，其步骤如图 11-2 所示。

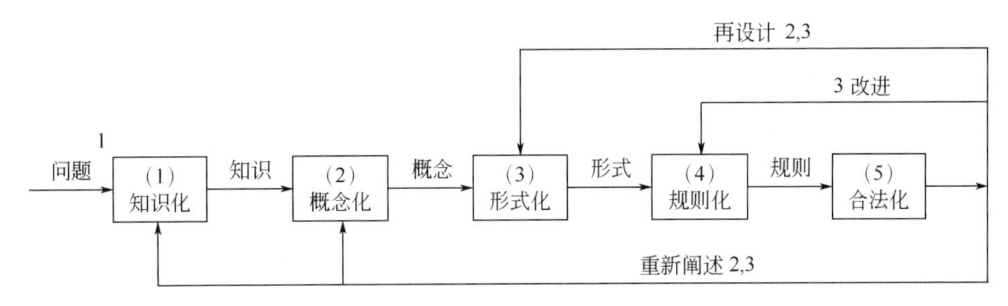

图 11-2　知识库开发步骤

建立系统的一般步骤如下：

（1）设计初始知识库

① 问题知识化，即辨别所研究问题的实质，如要解决的任务是什么，它是如何定义的，可否把它分解为子问题或子任务，它包含哪些典型数据等。

② 知识概念化，即概括知识表示所需要的关键概念及其关系，如数据类型、已知条件（状态）和目标（状态）、提出的假设以及控制策略等。

③ 概念形式化，即确定用来组织知识的数据结构形式，应用人工智能中各种知识表示方法把与概念化过程有关的关键概念、子问题及信息流特性等变换为比较正式的表达，它包括假设空间、过程模型和数据特性等。

④ 形式规则化，即编制规则、把形式化了的知识变换为由编程语言表示的可供计算机执行的语句和程序。

⑤ 规则合法化，即确认规则化了的知识的合理性，检验规则的有效性。

（2）原型机的开发与试验

在选定知识表达方法之后，即可着手建立整个系统所需要的试验子集，它包括整个模型的典型知识，而且只涉及与试验有关的足够简单的任务和推理过程。

（3）知识库的改进与归纳

反复对知识库及推理规则进行改进试验，归纳出更完善的结果。经过相当长时间的努力，使系统在一定范围内达到人类专家的水平。

11.3 基于规则的专家系统

基于规则的专家系统是一个计算机程序，该程序使用一套包含在知识库内的规则对工作存储器内的具体问题信息（事实）进行处理，通过推理机推断出新的信息。其工作模型如图11-3所示。

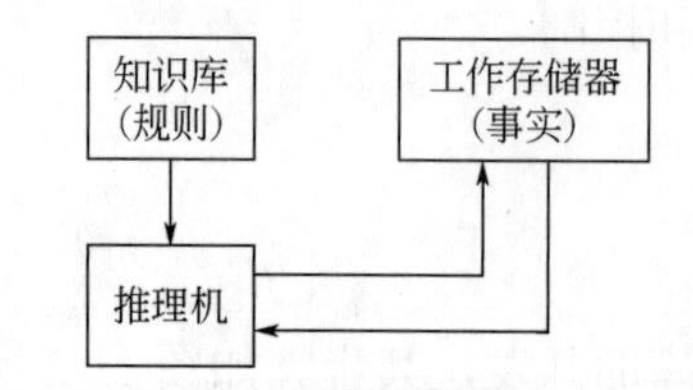

图11-3　基于规则专家系统的工作模型

基于规则的专家系统不需要一个人类问题求解的精确匹配，而能够通过计算机提供一个复制问题求解的合理模型。

一个基于规则的专家系统的完整结构见图11-4。其中，知识库、推理机和工作存储器（数据库）是构成专家系统的核心。系统的主要部分是知识库和推理引擎。知识库包含解决问题相关的领域知识。在基于规则的专家系统中，知识用一组规则来表达。其具有IF（条件）THEN（行为）结构，当规则的条件被满足时，触发规则，继而执行行为。数据库包含一组事实，用于匹配知识库中的IF（条件）。推理引擎执行推理，专家系统由此找到解决方案。推理引擎链接知识库中的规则和数据库中的事实。用户接口可能包括某种自然语言处理系统，它允许用户用一个有限的自然语言形式与系统交互，也可以用带有菜单的图形接口界面，解释子系统分析推理结构，并把它解释给用户。

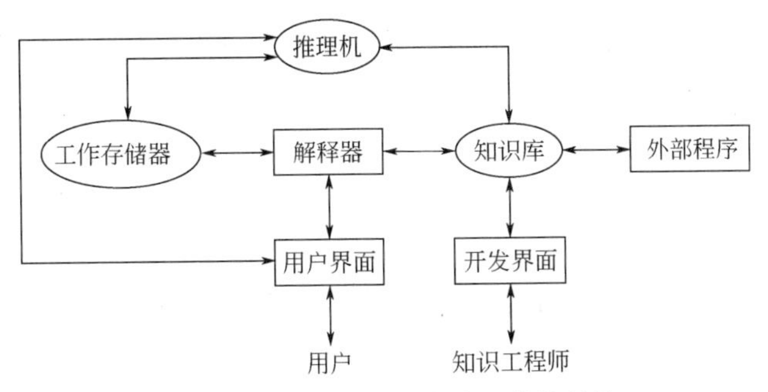

图 11-4　基于规则的专家系统的结构

11.4 编程实例

11.4.1　基于决策树的专家系统规则提取

从数据库发现知识是数据库技术和机器学习的交叉学科。它涉及数据库、人工智能、数理统计、可视化、并行计算等多门学科技术，其中又以数据库、人工智能和数理统计为其技术支撑。数据库技术的蓬勃发展和普及，使得利用数据库作为知识获取的一种来源有了实现的可能。此外，由于数据库技术可以将数据组织起来予以形式化，也为从中获取有用信息提供了有利条件。另一方面，人工智能研究领域在构建专家系统时，遇到了诸如需首先从人类专家那里获取专门的领域知识，并且还需将其加以归纳、整理和抽象，并用适当的形式表示出来的问题，这些都不乏是研制专家系统的难题。专家系统遇到的另一棘手问题，是它不可能囊括人类专家所具有的那些常识知识，由于它们不属专业范畴或范围太广而往往被忽略，然而事实上，人类专家的一些归纳推理和逻辑判断，正是基于这些常识知识。在这种情况下，人工智能研究者们自然把他们的视线转向数据库，并以数据库作为发掘知识的一种新的知识源。

系统的知识库实际上是一个产生式规则库，在进行调度时，该系统根据检测的当前系统状态，即事先选定的系统优化目标，通过推理模块确定哪个调度规则能最好地实现这个目标，并从规则库中选择一个合适的决策规则。

机器学习模块的功能主要是从数据库的样本集中获取规则知识、扩展专家调度系统的知识库、提高知识质量，使专家调度系统的调度功能更有效。

成功实现一个专家调度系统的关键在于它的知识内容，该系统的知识来源为：①书本和人类专家的领域知识；②数据库的样本集。

决策树算法的样本集利用元素的特征值或属性以及相应的概念值所形成的数据集进行描述，所采用的归纳推理方法则基于一张决策表，决策表决定在决策树中的一个中间节点。为了选择一个有效的属性来测试一个样本集，采用属性有效性度量这个概念，用以表明在进行分类决策时属性所呈现的有用性，这样，按照有效性大小将决策表中的元素进行排序后，则排在最前面的元素可以最有效地识别该类决策，因而最好的概念可以先产生，同时引入有效性度量可以有效地控制所产生概念的组合爆炸问题。此外，利用属性有效性度量可将获取的知识规范化，即通过在决策树上添加中间节点的方法，首先识别一般化的概念和规则，计算其含在别的规则中的概念和规则数，将其中计数最高者取作一个中间规则，并同时取代其他各规则中含有与该中间规则相同的那些规则。例如有如下 2 个规则：

规则 1：“如果属性 A1 和属性 A2 则决策 C”；规则 2：“如果属性 A 和属性 A2 和属性 A3 则决策 C”。

则通过引入新的属性 A12，可将规则 1 改写为：“如果属性 A1 和属性 A2 则属性 A12”，以及“如果属性 A12 则决策 C”。此外，利用 A12 取代规则 2 中的相应属性，则规则 2 可改写为：“如果属性 A12 和属性 A3 则决策 C2”。

这样，常用的概念只确定 1 次，从而由规范化所得到的决策树在推理过程中会更有效。按照上述处理过程构造决策树时，则最后得到的规则知识应具有如下形式，例如：

如果系统目标 Goal1=短

则决策= Rule i

11.4.2 Boston 数据集上的专家规则提取

以 Boston 数据集为例，根据其 14 个属性的值来判断 tax 的值。其中 14 个属性如表 11-1 所示。

表 11-1 属性对应表

属性标号	缩写	中文释义
X[1]	crim	犯罪率
X[2]	zn	用地比例
X[3]	indus	非零售商业面积比例
X[4]	chas	河道是否与河流相接
X[5]	nox	氮氧化物浓度
X[6]	rm	每户住宅的平均房间数
X[7]	age	1940 年以前建造的自住单位比例
X[8]	dis	到波士顿五个就业中心的加权距离
X[9]	rad	可达性指数
X[10]	tax	每万元全额物业税税率
X[11]	ptratio	师生比例
X[12]	b	黑人比例
X[13]	lstat	人口地位状况
X[14]	medv	业主自住房屋的中值

下面通过数据集提取规则。提取的步骤如下：

① 决策树回归器根据数据/单元中提供的数据进行训练；

② 遍历决策树并将规则提取到数据中（放入 json 文件）；

③ 由于有些规则是多余的，所以通过简化使它们简化；

④ 然后对简化的规则进行重构，即对于在生成的规则中存在超过 5%的所有条件对，将执行重构；

⑤ 每对都成为一个子规则，然后再找到该对的规则的变量。

采用 ID3 算法，最初规则的决策树如图 11-5 所示。

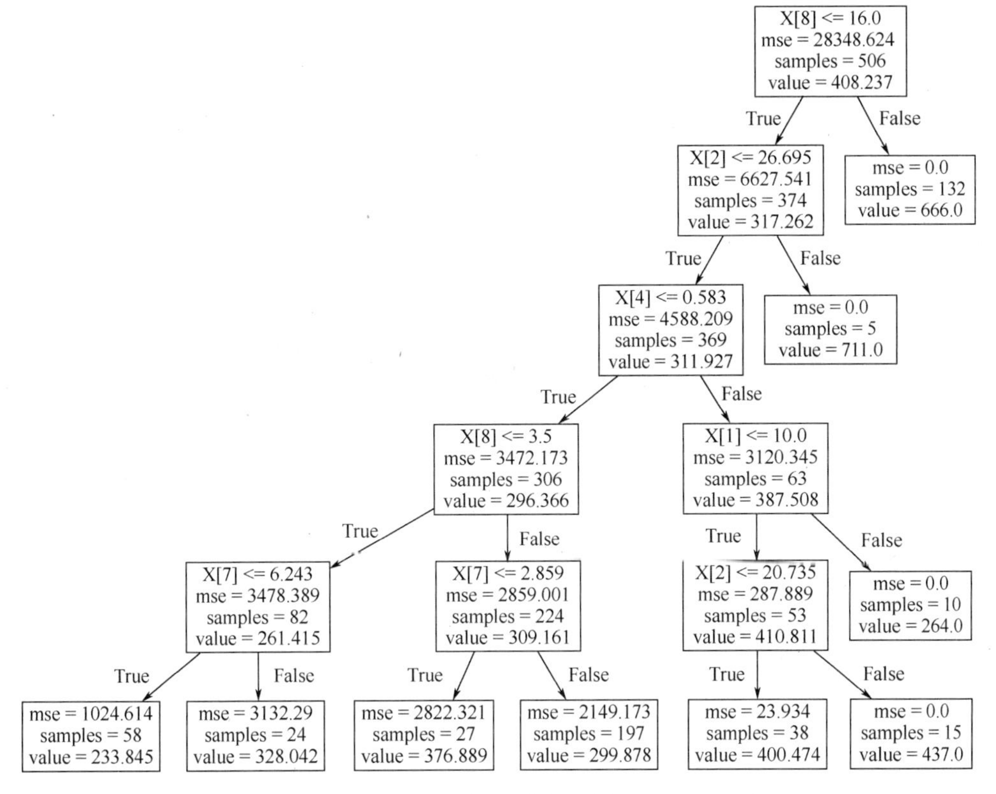

图 11-5 决策树结果

从图 11-5 中可以看出，在决策树的第一层，属性 X[8]小于等于 16.0 时，需要进一步判断；否则 tax 的值为 666.0。在决策树的第二层，X[2]小于等于 26.695 时，需要进一步判断；否则 tax 的值为 711.0。在决策树的第三层，X[4]小于等于 0.583 时，需要进一步判断 X[8]；否则需要进一步判断 X[1]。此时，我们看到，需要属性 X[8]进一步进行判断，同样，在决策树的第五层需要属性 X[2]进行进一步判断。决策树的形式表达规则条理清晰，但其可解释性和友好性并不能达到要求。

在以上决策树的基础上，进一步对规则进行简化，然后进行重构。最终生成的专家规则如下：

```
0 SUBRULE_0: IF AND indus <= 26.695 AND nox <= 0.583 THEN SUBRULE_0
1 SUBRULE_1: IF AND rad <= 16.0 AND nox > 0.583 THEN SUBRULE_1
2 SUBRULE_2: IF AND dis > 6.2433 AND rad <= 3.5 THEN SUBRULE_2
3 SUBRULE_3: IF AND rad IS IN RANGE (3.5, 16.0] AND dis > 2.8589 THEN SUBRULE_3
4 SUBRULE_4: IF AND rad <= 3.5 AND dis <= 6.2433 THEN SUBRULE_4
5 SUBRULE_5: IF AND rad <= 16.0 AND indus > 26.695 THEN SUBRULE_5
6 SUBRULE_6: IF AND ptratio > 20.2 AND indus IS IN RANGE (6.83, 26.695] THEN
SUBRULE_6
7 SUBRULE_7: IF AND ptratio <= 20.2 AND indus IS IN RANGE (6.83, 26.695] THEN
SUBRULE_7
8 SUBRULE_8: IF AND rad IS IN RANGE (3.5, 16.0] AND dis <= 2.8589 THEN SUBRULE_8
9 IF SUBRULE_4 AND SUBRULE_0 THEN tax=233.8448275862069
```

```
10 IF SUBRULE_0 AND SUBRULE_2 THEN tax=328.0416666666667
11 IF SUBRULE_0 AND SUBRULE_8 THEN tax=376.8888888888889
12 IF SUBRULE_0 AND SUBRULE_3 THEN tax=299.8781725888325
13 IF SUBRULE_1 AND indus <= 6.83 THEN tax=264.0
14 IF SUBRULE_1 AND SUBRULE_7 THEN tax=400.4736842105263
15 IF SUBRULE_6 AND SUBRULE_1 THEN tax=437.0
16 IF SUBRULE_5 THEN tax=711.0
17 IF rad > 16.0 THEN tax=666.0
```

在生成的专家规则中，规则 0 代表 indus <= 26.695 AND nox <= 0.583，规则 2 代表 dis > 6.2433 AND rad <= 3.5。当规则 0 和规则 2 的条件都满足时，启用规则 10，得到 tax=328.0416666666667。以此类推。

课后练习

一、选择题

1. 能根据学生的特点、弱点和基础知识，以最适当的教案和教学方法对学生进行教学和辅导的专家系统是：(　　)。

A. 解释专家系统　　B. 调试专家系统　　C. 监视专家系统　　D. 教学专家系统

2. 用于寻找出某个能够达到给定目标的动作序列或步骤的专家系统是：(　　)。

A. 设计专家系统　　B. 诊断专家系统　　C. 预测专家系统　　D. 规划专家系统

3. 能对发生故障的对象（系统或设备）进行处理，使其恢复正常工作的专家系统是：(　　)。

A. 修理专家系统　　B. 诊断专家系统　　C. 调试专家系统　　D. 规划专家系统

4. 能通过对过去和现在已知状况的分析，推断未来可能发生的情况的专家系统是：(　　)。

A. 修理专家系统　　B. 预测专家系统　　C. 调试专家系统　　D.规划专家系统

二、简答题

1. 专家系统的定义。

2. 专家系统程序与常规的应用程序之间有何不同?

三、编程题

实现 11.4.2 中专家系统的规则提取。

参考答案

第12章

人脸识别

机器视觉的应用非常广泛，并且全球很多商业活动都已经从中获益。数字图像识别，特别是人脸识别的使用在接下来的几年内还会继续增长。本章以机器视觉的相关内容为基础，以人脸识别的场景为应用，详细叙述如何构建人脸识别模型。

学习意义

通过人脸识别的案例，进一步深入了解人工智能相关技术的应用。

学习目标

- 人脸检测；
- 特征提取。

12.1 人脸识别

人脸识别是由两个问题组成的，分别是找到图片中的所有人脸（人脸检测）和确定这个人是谁（人脸识别）。然而，在现实中，图片的光线有明暗，脸的朝向有差别，需要程序都能够识别出是同一个人的脸。在确定人是谁时，需要在每一张脸上找出可用于与他人区分的独特之处，比如眼睛多大、脸有多长等，将这张脸的特点与已知所有人脸进行比较，以确定这个人是谁。

对人脸识别的研究可分为3个阶段：

（1）基于模板匹配的人脸检测算法

用一个人脸模板与被检测图像中的各个位置进行匹配，确定这个位置是否有人脸。即针对图像中某个区域进行人脸-非人脸二分类的判别。

（2）基于AdaBoost框架的人脸检测算法

Boost算法是基于PAC（probably approximately correct）学习理论而建立的一套集成算法。Boost的核心思想就是利用多个简单的分类器，构建出准确率高的强分类器。

（3）基于深度学习算法的人脸检测算法

CNN 应用在人脸检测后，在精度上大幅度超越了之前的 AdaBoost 框架。Cascade CNN 是传统技术和深度网络结合的一个代表。其包含了多个分类器，这些分类器采用级联结构进行组织，用卷积网络作为每一级的分类器。

12.1.1 Haar 特征

在人脸识别的流程中得首先找到图片中的人脸。与背景相比，人脸具有一定的轮廓特征，因而人脸的检测可以用检测物体轮廓的 Haar 特征来实现。具体实现方法是：

① 图片灰度化；

② 将图像分块，在每个块中，计算出每个主方向的梯度，并用指向性最强的那个方向箭头来代替当前小方块，表示成 HOG 形式；

③ 与已知的方向梯度直方图（HOG）进行相似比较，得到人脸的轮廓；

④ 计算面部特征点，以纠正脸部的不同姿势，实现人脸对齐。

其中 Haar 特征值反映了图像的灰度变化情况。例如：脸部的一些特征能由矩形特征简单的描述，如：眼睛比脸颊颜色要深，鼻梁两侧比鼻梁颜色要深，嘴巴比周围颜色要深等。

12.1.2 AdaBoost

AdaBoost（Adaptive Boosting）是 Boosting 家族的代表算法之一，由 Freund 和 Schapire 于 1995 年提出。Boosting 算法是一类弱学习提升为强学习的算法，AdaBoost 则不需要任何关于弱学习器性能的先验知识，即不需要预先知道假设的错误率下限，而是根据弱学习的结果反馈适应地调整假设的错误率，实现分类器效率的提升。

AdaBoost 是一种基于级联分类模型的分类器。所谓级联分类器，就是将多个强分类器连接在一起进行操作，而每一个强分类器都由若干个弱分类器加权组成。因为每一个强分类器对负样本的判别准确度非常高，所以一旦发现检测到的目标为负样本，就不再继续调用下面的强分类器，减少了很多的检测时间。因为一幅图像中待检测的区域很多都是负样本，这样由于级联分类器在分类器的初期就抛弃了很多负样本的复杂检测，所以级联分类器的速度是非常快的。只有正样本才会送到下一个强分类器进行再次检验，这样就保证了最后输出的正样本的伪正（false positive）的可能性非常低。

AdaBoost 是一种迭代算法。初始时，所有训练样本的权重都被设为相等，在此样本分布下训练出一个弱分类器。在第 i（i=1,2,3, …,T，T 为迭代次数）次迭代中，样本的权重由第 i–1 次迭代的结果而定。在每次迭代的最后，都有一个调整权重的过程，被分类错误的样本将得到更高的权重。这样分错的样本就被突出来，得到一个新的样本分布。在新的样本分布下，再次对弱分类器进行训练，得到新的弱分类器。经过 T 次循环，得到 T 个弱分类器，把这 T 个弱分类器按照一定的权重叠加起来，得到最终的强分类器。

12.2 编程实例

12.2.1 人脸检测

为便于图片的处理，需要在 Python 中用到 OpenCV，一个基于 BSD 许可（开源）发行的跨平台计算机视觉和机器学习软件库。OpenCV 安装包里自带有已经训练好的人脸分类器 haarcascade_frontalface_alt.xml，该级联表采用样本的 Haar 特征训练分类器得到的一个级联的 AdaBoost 分类器。为使用该人脸分类器，需要用到 OpenCV 中的用来做目标检测的级联分类器的类 CascadeClassifier。该类中封装的目标检测机制，简而言之是滑动窗口机制加级联分类器的方式。由于人脸可能出现在图像的任何位置，在检测时用固定大小的窗口对图像从上到下、从左到右扫描，判断窗口里的子图像是否为人脸，这称为滑动窗口技术。为了检测不同大小的人脸，还需要对图像进行放大或者缩小构造图像金字塔，对每张缩放后的图像都用上面的方法进行扫描。由于采用了滑动窗口扫描技术，并且要对图像进行反复缩放然后扫描，因此整个检测过程会非常耗时。而 xml 中存放的是训练后的特征池，特征 size 大小根据训练时的参数而定，检测的时候可以简单理解为就是将每个固定 size 特征（检测窗口）与输入图像的同样大小区域比较，如果匹配那么就记录这个矩形区域的位置，然后滑动窗口，检测图像的另一个区域，重复操作。

CascadeClassifier 类中调用 detectMultiScale 函数进行人脸的多尺度检测，其参数包括 scaleFactor（图像的缩放因子）、minNeighbors（每一个级联矩形应该保留的邻近个数，可以理解为一个人周边有几个人脸）、minSize（检测窗口的大小）。

对图 12-1 的图片进行人脸检测。

图 12-1 人脸检测图片

关键代码为：

```
gray = cv2.cvtColor(img,cv2.COLOR_BGR2GRAY)#将图片转化成灰度
face_cascade = cv2.CascadeClassifier("haarcascade_frontalface_alt2.xml")
face_cascade.load('E:\python\haarcascade_frontalface_alt2.xml')    #分类器
位置
faces = face_cascade.detectMultiScale(gray, 1.3, 5)
```

人脸检测的结果如图 12-2 所示。

图 12-2 人脸检测结果

从黑色边框标记的人脸可以看出，检测方法只检测到图中 4 个正面的人脸，两个侧面的人脸未检测出来。读者可以使用不同的参数测试人脸检测的效果。

12.2.2 人脸识别

通过人脸检测检测到人脸后，下面要进行的工作是人脸识别。同样，我们可以采用 OpenCV 中已有的函数快速完成人脸识别工作。OpenCV 有三个内置的面部识别器，分别是：

① cv2.Face.createEigenFaceRecognizer()：特征脸人脸识别器；

② cv2.Face.createFisherFaceRecognizer()：FisherFaces 人脸识别器；

③ cv2.Face.createLBPHFaceRecognizer()：本地二进制模式直方图（LBPH）人脸识别器。

首先需要由图像数据集完成人脸识别器的训练工作。本文中选取了老友记中瑞秋和莫妮卡的各 9 张图像作为训练集。如图 12-3 所示。

图 12-3 图片训练集

在训练集中，首先对每张图像进行人脸识别，找到需要进行训练的数据，如果未找到脸部，则忽略该图像，最终返回值为人脸和标签列表。

有了脸部信息和对应标签后，开始使用 OpenCV 自带的识别器进行训练。具体代码如下：

```
#创建 LBPH 识别器并开始训练
face_recognizer = cv2.face.LBPHFaceRecognizer_create()
face_recognizer.train(faces, np.array(labels))
```

训练完毕后，用得到的模型对新的图像进行预测。此处以 12.1 节中的图像为测试对象，测试模型是否能从图片中识别出人脸。关键代码如下：

```
#预测人脸
label = face_recognizer.predict(face)
```

测试结果如图 12-4 所示。

图 12-4　测试结果

可以看出，模型从图片中正确地识别出了莫妮卡的人脸，但遗憾的是未识别出瑞秋的人脸。这也说明模型的识别效果并不好，这与训练样本太少有很大关系。读者可以试着采集更多图像进行模型的训练。

人脸检测和识别

第13章

自然语言处理

自然语言处理是计算机科学领域与人工智能领域中的一个重要方向。它研究能实现人与计算机之间用自然语言进行有效通信的各种理论和方法。自然语言处理是一门集语言学、计算机科学、数学于一体的科学。因此，这一领域的研究将涉及自然语言，即人们日常使用的语言，所以它与语言学的研究有着密切的联系，但又有重要的区别。自然语言处理并不是一般地研究自然语言，而在于研制能有效地实现与自然语言通信的计算机系统，特别是其中的软件系统。因而它是计算机科学的一部分。

学习意义

通过自然语言处理的案例，进一步深入了解人工智能相关技术的应用。

学习目标

- 了解自然语言处理的基本流程；
- 尝试文本分类案例。

13.1 自然语言处理

语言是人类区别其他动物的本质特性。在所有生物中，只有人类才具有语言能力。人类的多种智能都与语言有着密切的关系。人类的逻辑思维以语言为形式，人类的绝大部分知识也是以语言文字的形式记载和流传下来的。自然语言处理（natural language processing, NLP），是计算机接受用户自然语言形式的输入，并在内部通过人类所定义的算法进行加工、计算等系列操作，以模拟人类对自然语言的理解，并返回用户所期望的结果的过程，其目的在于用计算机代替人工来处理大规模的自然语言信息。自然语言处理是人工智能、计算机科学、信息工程的交叉领域，涉及统计学、语言学等的知识。由于语言是人类思维的证明，故自然语言处理是人工智能的最高境界，被誉为“人工智能皇冠上的明珠”。

自然语言处理里细分领域和技术很多，大致可以分为自然语言理解和自然语言生成两种。其中自然语言理解侧重于如何理解文本，包括文本分类、命名实体识别、指代消歧、句法分析、机器阅读理解等。自然语言生成则侧重于理解文本后如何生成自然文本，包括自动摘要、机器翻译、问答系统、对话机器人等。两者间不存在明显的界限，如机器阅读理解实际属于问答系统的一个子领域。

13.1.1 自然语言处理的发展历程

（1）规则时代

1950—1970 年，模拟人类学习语言的习惯，以语法规则为主流。除了参照乔姆斯基文法规则定义的上下文无关文法规则外，NLP 领域几乎毫无建树。

（2）统计时代

20 世纪 70 年代开始，统计学派盛行，NLP 转向统计方法，此时的核心是具有马尔科夫性质的模型（包括语言模型，隐马尔科夫模型等）。

2001 年，神经语言模型将神经网络和语言模型相结合，应该是历史上第一次用神经网络得到词嵌入矩阵，是后来所有神经网络词嵌入技术的实践基础。也证明了神经网络建模语言模型的可能性。

2001 年，条件随机场 CRF，从提出开始就一直是序列标注问题的利器，即便是深度学习的现在也常加在神经网络的上面，用以修正输出序列。

2003 年，LDA 模型提出，概率图模型大放异彩，NLP 从此进入“主题”时代。Topic 模型变种极多，参数模型 LDA，非参数模型 HDP，有监督的 LabelLDA、PLDA 等。

2008 年，分布式假设理论提出，成为词嵌入技术的理论基础。

在统计时代，NLP 专注于数据本身的分布，如何从文本的分布中设计更多更好的特征模式是这时期的主流。在这期间，还有其他许多经典的 NLP 传统算法诞生，包括 tfidf、BM25、PageRank、LSI、向量空间与余弦距离等。值得一提的是，在 20 世纪 80、90 年代，卷积神经网络、循环神经网络等就已经被提出，但受限于计算能力，NLP 的神经网络方向不适于部署训练，多停留于理论阶段。

（3）深度学习时代

2013 年，word2vec 提出，是 NLP 的里程碑式技术。

2013 年，CNNs/RNNs/Recursive NN，随着算力的发展，神经网络可以越做越深，之前受限的神经网络不再停留在理论阶段。在图像领域证明过实力后，Text CNN 问世；同时，RNNs 也开始崛起。在如今的 NLP 技术上，一般都能看见 CNN/LSTM 的影子。

21 世纪算力的提升，使神经网络的计算不再受限。有了深度神经网络，加上嵌入技术，人们发现虽然神经网络是个黑盒子，但能省去好多设计特征的精力。至此，NLP 深度学习时代开启。

2014 年，seq2seq 提出，在机器翻译领域，神经网络碾压基于统计的 SMT 模型。

2015 年，attention 提出，可以说是 NLP 另一里程碑式的存在。带 attention 的 seq2seq，碾压上一年的原始 seq2seq。

2017 年末，Transformer 提出。

2018 年末，BERT（Pre-training of Deep Bidirectional Transformers for Language Understanding）提出，横扫 11 项 NLP 任务，奠定了预训练模型方法的地位，NLP 又一里程碑诞生。

13.1.2 自然语言处理的基本技术

自然语言处理的基本技术包括：

① 分词：基本算是所有 NLP 任务中最底层的技术。不论解决什么问题，分词永远是第一步。

② 词性标注：判断文本中的词的词性（名词、动词、形容词等），一般作为额外特征使用。

③ 句法分析：分为句法结构分析和依存句法分析两种。

④ 词干提取：从单词各种前缀后缀变化、时态变化等变化中还原词干，常见于英文文本处理。

⑤ 命名实体识别：识别并抽取文本中的实体，一般采用 BIO 形式。

⑥ 指代消歧：文本中的代词，如“他”“这个”等，还原成其所指实体。

⑦ 关键词抽取：提取文本中的关键词，用以表征文本或下游应用。

⑧ 词向量与词嵌入：把单词映射到低维空间中，并保持单词间相互关系不变，是 NLP 深度学习技术的基础。

⑨ 文本生成：给定特定的文本输入，生成所需要的文本，主要应用于文本摘要、对话系统、机器翻译、问答系统等领域。

文本分类是机器学习在自然语言处理中最常用也是最基础的应用，是根据给定文档，将文档分类为 n 个类别中的一个或多个。主要的文本分类方法包括两大类，一类是传统的机器学习方法，如贝叶斯、支持向量机等，另一类是深度学习方法，如 fastText、TextCNN 等。文本分类的处理大致分为文本预处理、文本特征提取、分类模型构建等。文本分类过程的具体步骤如下：

① 将文档收集到语料库中；

② 标记、删除停止词（冠词、介词等），并抽提词（减少到词根）；

③ 建立一个通用的词汇表；

④ 向量化；

⑤ 分类或聚类。

为简化问题，假设句子中单词的顺序对于文本分类并不重要。以使用自然语言包（Natural Language Toolkit, NLTK）进行文本分类为例，该包可以实现大多数自然语言处理算法，同时提供了一些可用于测试算法的内置语料库、字典等。

（1）语言检测

在进行文本分类时，所有的工作都与特定的语言严格相关，因此通常需要进行语言的检测。langdetect 库提供了一个简单、自由和可靠的解决方案，该库是从 Google 的语言检测系统移植的，类似代码如下：

```
from langdetect import detect
print(detect('This is English'))
en
print(detect('Dies ist Deutsch'))
de
```

函数返回 ISO 639-1 代码，也可获取完整的语言名称。在文本更复杂的地方，可以通过

detect_langs()方法获得是预期语言的概率：

```
from langdetect import detect_langs
print(detect_langs('I really love you mon doux amour!')) [fr:0.714281321163,
en:0.285716747181]
```

（2）标记

处理一段文本或语料库的第一步是将其分解为原子（句子、单词或单词部分），通常定义为标记。大的文本首先要分割成句子，其方法是由一个完整的停止或另一个等效的标记进行分隔。NLTK 提供了一种对不同语言（默认为英语）根据具体规则拆分文本的 sent_tokenize() 方法。

分割成句子后，将句子标记为单词，方法由 TreebankWordTokenizer 类提供。再更好地划分含有缩略词的单独标点问题，可以采用 RegexpTokenizer 类，通过匹配特定模式的简单正则表达式来分割单词。

（3）停止词的删除

停止词（如冠词、连词等）是正常语言的一部分，但它们的发生频率非常高，并且不提供任何有用的语义信息，通过过滤句子和语料库进行停止词的删除是一个很好的做法。NLTK 提供最常用语言的停止词列表，可以直接调用：

```
from nltk.corpus import stopwords
sw = set(stopwords.words('english'))
```

删除停止词，可以采用以下形式：

```
complex_text = 'This isn\'t a simple text. Count 1, 2, 3 and then go!'
ret = RegexpTokenizer('[a-zA-Z\']+')
tokens = ret.tokenize(complex_text)
clean_tokens = [t for t in tokens if t not in sw]
print(clean_tokens)
['This', "isn't", 'simple', 'text', 'Count', 'go']
```

（4）抽提词干

抽提词是一种用于将特定单词（例如动词或复数形式）转换成其基本形式的过程，以便在不增加独特标记词数量的情况下保留语义。NLTK 提供了许多高效的实现方法。最常见和灵活的方法是基于多语言版本算法的 SnowballStemmer：

```
from nltk.stem.snowball import SnowballStemmer
ess = SnowballStemmer('english', ignore_stopwords=True)
print(ess.stem('flies'))
fli
fss = SnowballStemmer('french', ignore_stopwords=True)
print(fss.stem('courais'))
cour
```

参数 ignore_stopwords 表示仅列出词干，其他实现方法见 PorterStemmer 和 LancasterStemmer。Snowball 可以实现多种语言的词干抽提，并可以与适当的停止词词组一起使用，而 PorterStemmer 和 LancasterStemmer 只能实现英文的词干抽提。

（5）向量化

词袋策略的最后一步是将文本标记转换为数值向量。最常见的转换技术是基于计数或频率计算，由于许多文本标记可能只出现几次，而向量必须有相同的长度，因而采用可以节省大量空间的稀疏矩阵来表达，这也是 scikit-learn 中使用的方式。

其中，计数向量化方法统计标记在文档中出现的次数，通过对整个语料库进行处理，确定存在多少个独特的标记及其频率。可以使用 CountVectorizer 类：

```
from sklearn.feature_extraction.text import CountVectorizer
corpus = [
'This is a simple test corpus',
'A corpus is a set of text documents',
'We want to analyze the corpus and the documents',
'Documents can be automatically tokenized'
]
cv = CountVectorizer()
vectorized_corpus = cv.fit_transform(corpus)
print(vectorized_corpus.todense())
```

通过以上代码，文档被转换成一个固定长度的向量。如果需要排除频率小于预定义值的标记，可以通过参数 min_df（默认值为 1）进行设置。

词汇可以通过实例变量 vocabulary_ 访问：

```
print(cv.vocabulary_)
{u'and': 1, u'be': 3, u'we': 18, u'set': 9, u'simple': 10, u'text': 12, u'is':
7, u'tokenized': 16, u'want': 17, u'the': 13, u'documents': 6, u'this': 14, u'of':
8, u'to': 15, u'can': 4, u'test': 11, u'corpus': 5, u'analyze': 0, u'automatically':
2}
```

给定一个通用向量，可以通过逆变换来检索相应的标记列表：

```
vector = [0, 0, 0, 0, 0, 1, 0, 1, 0, 0, 1, 1, 0, 0, 1, 0, 0, 1, 1]
print(cv.inverse_transform(vector))
[array([u'corpus', u'is', u'simple', u'test', u'this', u'want', u'we'],
dtype='<U13')]
```

到目前为止，只考虑了单个标记（也称为单字），但是在许多情况下，像所有其他标记一样，需要将短语（二元或三元组）作为分类器的原子进行考虑。事实上，从语义的角度来说，重要的是不仅要考虑副词，而且要考虑整体的复合形式。在向量化步骤中，给出需要考虑的 n 元组的范围。例如，如果需要考虑单一词组和二元词组，可以使用以下代码段：

```
cv = CountVectorizer(tokenizer=tokenizer, ngram_range=(1, 2))
vectorized_corpus = cv.fit_transform(corpus)
print(vectorized_corpus.todense())
print(cv.vocabulary_)
```

计数向量化考虑了每个标记出现的数量，但频繁出现的特征向量所携带的信息是很少的。TF-IDF 作为一种统计方法，可以评估字词对于文件集或语料库中的其中一份文件的重要程度：

$$t_f \cdot \mathrm{idf}(t,d,C) = t_f(t,d)\mathrm{idf}(t,C) \tag{13-1}$$

其中词频 t_f 指的是某一个给定的词语在该文件中出现的次数，通常会被归一化，以防止它偏向长的文件。逆向文件频率 idf 是一个词语普遍重要性的度量。某一特定词语的 idf，可以由总文件数目除以包含该词语之文件的数目，再将得到的商取对数得到：

$$\mathrm{idf}(t,C)=\log\frac{n}{1+\mathrm{count}(D,t)}\quad \text{where}\quad \mathrm{count}(D,t)=\sum_{t}1(t\in D) \tag{13-2}$$

字词的重要性随着它在文件中出现的次数成正比增加，但同时会随着它在语料库中出现的频率成反比下降。某一特定文件内的高词语频率，以及该词语在整个文件集合中的低文件频率，可以产生出高权重的 TF-IDF。因此，TF-IDF 倾向于保留文档中较为特别的词语，过滤常用词。scikit-learn 提供了 TfIdfVectorizer 类，以常用的语料库 corpus 为例，使用方法如下：

```
from sklearn.feature_extraction.text import TfidfVectorizer
tfidfv = TfidfVectorizer()
vectorized_corpus = tfidfv.fit_transform(corpus)
```

检查词汇表，与简单的数值向量化进行比较：

```
print(tfidfv.vocabulary_)
{u'and': 1, u'be': 3, u'we': 18, u'set': 9, u'simple': 10, u'text': 12, u'is': 7,
u'tokenized': 16, u'want': 17, u'the': 13, u'documents': 6, u'this': 14, u'of': 8, u'to':
15, u'can': 4, u'test': 11, u'corpus': 5, u'analyze': 0, u'automatically': 2}
```

其中，documents 是两个矢量化程序的第 6 个特征，并显示在最后三个文档中。正如上所示，它的权重大约是 0.3，而 the 在第三个文件中仅出现两次，它的权重约为 0.64。一般规则是：如果一个术语是文档的代表，它的权重变得接近 1.0，当在样本文档中找到它但难以确定其类别时，该权重值下降。

同样，在这种情况下，可以使用外部标记器并指定所需的 n 元组。此外，可以通过参数 norm 来归一化向量并决定是否将 1 加入 idf 的分母中（通过参数 smooth_idf）。也可以使用参数 min_df 和 max_df 定义接受频率的范围，以排除那些出现次数低于或超过最小/最大阈值的标记。以上两个参数接受两个整数（出现次数）或在[0.0, 1.0]范围内的浮点数（文档的比例）。

进一步地，在进行主题建模时，文档可以看成一组主题的混合分布，而主题又是词语的概率分布，将高维度的“文档-词语”向量空间映射到低维度的“文档-主题”和“主题-词语”空间，从而发现文档与词语之间所蕴含的潜在语义关系，有效提高文本信息处理的性能。来源于同一文献中特定术语的使用，通过多个文档中特定术语的使用的叠加得到确认。因而，可以用有意义的文档进行统计建模，从而保证术语表达一个特定的概念。统计建模方法可以用隐性语义分析，不需要假设先验分布，就可以构建潜在因素概率模型。当然，概率隐性语义分析、潜在狄利克雷分布等也可以用来构建潜在因素概率模型。具体过程如下：

首先定义关联矩阵，通常是文档-词矩阵：

$$\boldsymbol{M}_{dw}=\begin{bmatrix} f(d_1,w_1) & \cdots & f(d_1,w_n) \\ \vdots & \ddots & \vdots \\ f(d_m,w_1) & \cdots & f(d_m,w_n) \end{bmatrix} \tag{13-3}$$

其中，$f(d_i,w_j)$ 是频率的衡量，可以用计数或 TF-IDF。

隐性语义分析通过对 $\boldsymbol{M}_{dw}$ 进行因子分析，以提取一组潜在变量作为文档和词之间的连接器。常见的因子分析方式是奇异值分解（SVD）：

$$\boldsymbol{M}_{dw}=U\Sigma V^{\mathrm{T}}\ \text{where}\ U\in\mathbf{R}^{m\times t},\Sigma\in\mathbf{R}^{t\times t}\text{and}\ V\in\mathbf{R}^{n\times n} \tag{13-4}$$

前 k 个奇异值定义的子空间为：

$$M_k=U_k\Sigma_k V_k^{\mathrm{T}} \tag{13-5}$$

从 F 范数（Frobenius norm）来看，这种近似保证了非常高的准确度。当将它应用于文档-词矩阵时，可以得到以下分解：

$$
\begin{aligned}
\boldsymbol{M}_{dwk} &= \begin{bmatrix} g(d_1,t_1) & \cdots & g(d_1,t_k) \\ \vdots & \ddots & \vdots \\ g(d_m,t_1) & \cdots & g(d_m,t_k) \end{bmatrix} \cdot \begin{bmatrix} h(t_1,w_1) & \cdots & h(t_1,w_n) \\ \vdots & \ddots & \vdots \\ h(t_k,w_1) & \cdots & h(t_k,w_n) \end{bmatrix} \\
&= \boldsymbol{M}_{dtk}\boldsymbol{M}_{twk}
\end{aligned} \tag{13-6}
$$

其中第一个矩阵定义了文档和 k 个潜在变量之间的关系，第二个矩阵则定义了 k 个潜在变量和词之间的关系。潜在变量作为主题，定义了一个文档投影的子空间。一个常用的文档定义为：

$$
d_i = \sum_{j=1}^{k} g(d_i, t_k) \tag{13-7}
$$

此外，每个主题都是词语的线性组合。由于许多单词的权重接近零，所以可以只用权重最大的 r 个单词来定义一个主题。因而可以得到：

$$
t_i \approx \sum_{j=1}^{r} h_{ji} w_j \tag{13-8}
$$

式中，在对矩阵 $\boldsymbol{M}_{dwk}$ 的列进行排序后可以得到 h_{ji}。

用隐性语义分析得到一组潜在变量作为文档和词之间的连接器后，可以确定基础主题的正面或负面，从而实现文本分类。

除了以上的词向量方法以外，Word2Vector 模型利用深度学习的思想通过训练把对文本内容的处理简化为 K 维向量空间中的向量运算，向量空间上的相似度可以用来表示文本语义上的相似，是一种将词表征为实数值向量的高效算法模型。

Word2 Vector 使用的词向量不是独热编码表示词向量，而是 Distributed representation 的词向量表示方式。通过训练将每个词映射成 K 维实数向量，通过词之间的距离来判断它们之间的语义相似度。可以采用一个三层的神经网络，输入层-隐层-输出层。有个核心的技术是根据词频用 Huffman 编码，使得所有词频相似的词隐藏层激活的内容基本一致，出现频率越高的词语，它们激活的隐藏层数目越少，这样有效地降低了计算的复杂度。Word2 Vector 具有高效性，与潜在语义分析（Latent Semantic Index, LSI）、潜在狄利克雷分配（Latent Dirichlet Allocation，LDA）的经典过程相比，Word2 Vector 利用了词的上下文，语义信息更加丰富。

13.2 编程实践

13.2.1 基于传统机器学习算法的文本分类

20newsgroups 数据集是用于文本分类、文本挖掘和信息检索研究的国际标准数据集之一。数据集收集了大约 18000 篇新闻文章，均匀分为 20 个不同主题的新闻组集合，其中一些新闻组的主题特别相似，还有一些却完全不相关。

获取数据集的方式如下：

基于传统机器学习的文本分类1

```
from sklearn.datasets import fetch_20newsgroups
news = fetch_20newsgroups(subset='all')
print(news.target_names))
```

可以得到数据类别的如下结果：

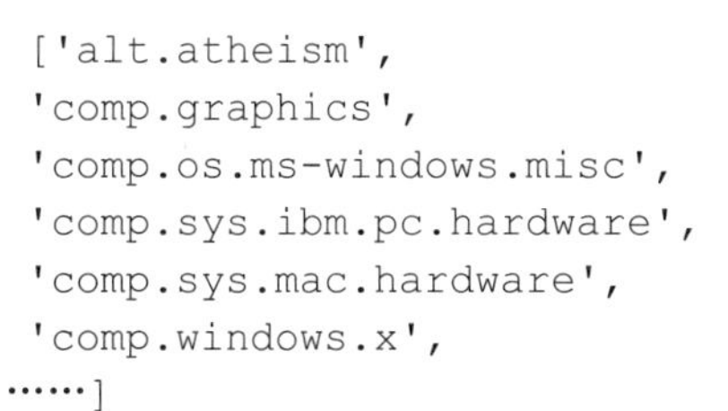

```
 ['alt.atheism',
 'comp.graphics',
 'comp.os.ms-windows.misc',
 'comp.sys.ibm.pc.hardware',
 'comp.sys.mac.hardware',
 'comp.windows.x',
……]
```

获取数据后，进行预处理，将数据集分为训练集和测试集，并将文本特征向量化。

```
    from sklearn.model_selection import  train_test_split
    from sklearn.feature_extraction.text import CountVectorizer
    X_train,X_test,y_train,y_test = 
train_test_split(news.data,news.target,test_size=0.25,random_state=33)
    vec = CountVectorizer()
    X_train = vec.fit_transform(X_train)
    X_test = vec.transform(X_test)
```

在进行数据分割时，随机采样 25%的数据样本作为测试集。通过 CountVectorizer 函数将文本变为向量。

使用朴素贝叶斯方法对训练集进行训练，并用测试数据进行测试：

```
from sklearn.naive_bayes import MultinomialNB
mnb = MultinomialNB()
mnb.fit(X_train,y_train)
mnb_predict = mnb.predict(X_test)
print('The Accuracy of Naive Bayes Classifier is:', mnb.score(X_test,y_test))
```

结果如下：

```
The Accuracy of Naive Bayes Classifier is: 0.8397707979626485
```

采用朴素贝叶斯方法中的多项式模型进行文本分类的准确度为 0.839。同样，读者可以采用前面介绍到的其他方法进行测试。更多方法的测试可以参考程序 ch13_text_classfy.py

为比较计数向量化和 TF-IDF 向量化，下面程序采用 TF-IDF 方法进行向量化：

基于传统机器学习的文本分类2

```
    from sklearn.datasets import fetch_20newsgroups
    from sklearn.model_selection import  train_test_split
    from sklearn.feature_extraction.text import TfidfVectorizer
    from sklearn.naive_bayes import MultinomialNB

    newsgroups=fetch_20newsgroups(subset='all')
    X_train,X_test,y_train,y_test = 
train_test_split(newsgroups.data,newsgroups.target,test_size=0.25,random_stat
e=33)
    vec = TfidfVectorizer(max_features=10000)
    X_train = vec.fit_transform(X_train)
```

```
X_test = vec.transform(X_test)
mnb = MultinomialNB()
mnb.fit(X_train,y_train)
mnb_predict = mnb.predict(X_test)
print('The Accuracy of Naive Bayes Classifier is:', mnb.score(X_test,y_test))
```

结果如下：

```
The Accuracy of Naive Bayes Classifier is: 0.8565365025466893
```

可以看出，不同的向量化方式会带来分类准确度的差别。同样，我们还可以用深度学习的方法实现文本分类。

13.2.2 基于深度学习的文本分类

将卷积神经网络 CNN 应用到文本分类任务，利用多个不同尺寸的核来提取句子中的关键信息，从而能够更好地捕捉局部相关性。在深度学习方法用于文本分类的研究中，Yoon Kim 在 2014 年的论文中提出的 TextCNN，首次利用卷积神经网络对文本进行了分类。在该模型中，要对句子进行分类，首先考虑句子中的词是由 n 维词向量组成的，也就是说输入矩阵大小为 $m \times n$，其中 m 为句子长度。CNN 需要对输入样本进行卷积操作，对于文本数据，filter 仅仅是向下移动，从而提取词与词间的局部相关性。模型中共有三种步长策略，分别是 2、3、4，每个步长都有两个 filter。在不同词窗上应用不同 filter，最终得到 6 个卷积后的向量。然后对每一个向量进行最大化池化操作并拼接各个池化值，最终得到这个句子的特征表示，将这个句子向量丢给分类器进行分类，至此完成整个流程。Text CNN 的模型结构图如图 13-1 所示。

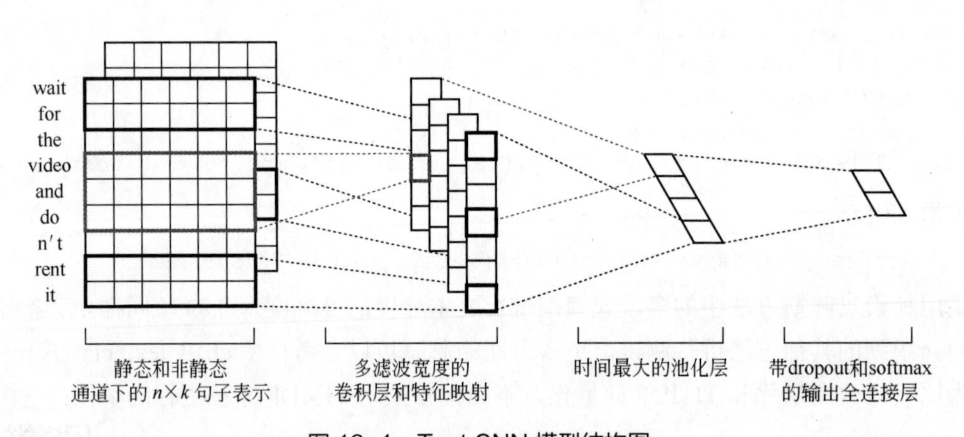

图 13-1 Text CNN 模型结构图

在将文本作为卷积神经网络输入前，需要进行预处理，即将每个样本转换为一个数字矩阵，矩阵的每一行表示一个词向量。具体过程如下。

① 读取数据集。

②将文字转换成数字特征。使用 Keras 的 Tokenizer 模块创建对象，其中 fit_on_texts()函数将输入文本的每个词编号，编号是根据词频确定的，词频越大，编号越小，word_index 属性为词对应的编码。

③ 将每条文本转换为数字列表。使用 Tokenizer 的 texts_to_sequences()函数，将每条文

本转变成一个向量。

④ 将每条文本设置为相同长度。使用 pad_sequences()让每句数字影评长度相同，超过固定值的部分截掉，不足的用 0 填充。

TextCNN 模型各层如下：

① 嵌入层（Embedding Layer）。通过一个隐藏层，将 one-hot 编码的词投影到一个低维空间中，本质上是特征提取器，在指定维度中编码语义特征。这样，语义相近的词，它们的欧氏距离或余弦距离也比较近。

② 卷积层（Convolution Laye）。在 text-CNN 中，卷积核的宽度与词向量的维度一致。输入的每一行向量代表一个词，在抽取特征的过程中，词做为文本的最小粒度，高度自行设置。句子中相邻的词之间关联性很高，当用卷积核进行卷积时，不仅考虑了词义而且考虑了词序及其上下文。

③ 池化层（Pooling Layer）。卷积后得到的向量维度不一致，在池化层中使用 1-Max-pooling 将每个特征向量池化成一个值，即抽取每个特征向量的最大值表示该特征，而且认为这个最大值表示的是最重要的特征。将每个值给拼接起来。得到池化层最终的特征向量。在池化层到全连接层之前加上 dropout 防止过拟合。

④ 全连接层（Fully connected layer）。两层全连接层，第一层激活函数 rclu，第二层用 softmax 激活函数得到属于每个类的概率。

用 keras 构建模型的程序如下：

```
    main_input = Input(shape=(20,), dtype='float64')
    embedder = Embedding(len(vocab) + 1, 300, input_length = 20)
    embed = embedder(main_input)
    cnn1 = Convolution1D(256, 3, padding='same', strides = 1,
activation='relu')(embed)
    cnn1 = MaxPool1D(pool_size=4)(cnn1)
    cnn2 = Convolution1D(256, 4, padding='same', strides = 1,
activation='relu')(embed)
    cnn2 = MaxPool1D(pool_size=4)(cnn2)
    cnn3 = Convolution1D(256, 5, padding='same', strides = 1,
activation='relu')(embed)
    cnn3 = MaxPool1D(pool_size=4)(cnn3)
    cnn = concatenate([cnn1,cnn2,cnn3], axis=-1)
    flat = Flatten()(cnn)
    drop = Dropout(0.2)(flat)
    main_output = Dense(num_labels, activation='softmax')(drop)
    model = Model(inputs = main_input, outputs = main_output)
```

基于深度学习的文本分类

构建出的模型结构如图 13-2 所示。

对测试样本的预测精度为：

```
The Accuracy of TextCNN is:  0.4412238325761712
```

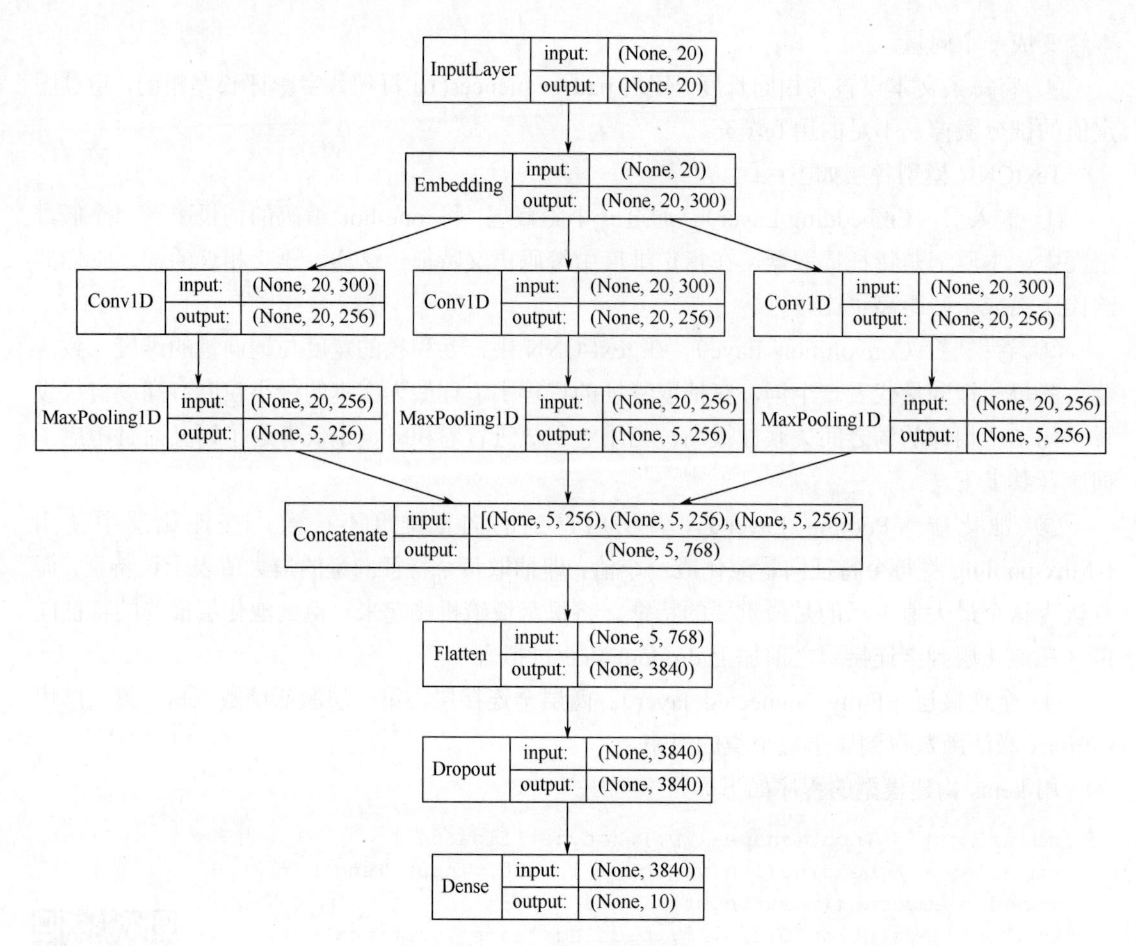

图 13-2　构建出的模型结构

参考文献

[1] 谭铁牛. 人工智能的历史、现状和未来[J]. 智慧中国, 2019(Z1): 87-91.

[2] 朱福喜. 人工智能. 第 3 版. 北京: 清华大学出版社, 2016.

[3] 朱塞佩 • 博纳科尔索. 机器学习算法. 第 2 版. 罗娜, 汪文发, 译. 北京: 机械工业出版社, 2020.

[4] 蔡自兴. 人工智能及其应用. 第 5 版. 北京: 清华大学出版社, 2016.

[5] 王永庆. 人工智能原理与方法. 西安: 西安交通大学出版社, 2001.

[6] 尹朝庆. 人工智能方法与应用. 武汉: 华中科技大学出版社, 2007.

[7] Michell T. 机器学习:一种人工智能方法. 曾华军, 张银奎, 等译. 北京: 机械工业出版社, 2003.

[8] Harrington P. 机器学习实战. 李锐, 李鹏, 曲亚东, 王斌, 译. 北京: 人民邮电出版社, 2013.

[9] 史忠植. 人工智能. 北京: 机械工业出版社, 2016.

[10] 李航. 统计学习方法. 北京: 清华大学出版社, 2019.

[11] 周志华. 机器学习. 北京: 清华大学出版社, 2016.

[12] 吕韶义, 刘复岩. 基于决策树的规则获取[C]. 管理学报杂志社编辑部. 第七届计算机模拟与信息技术学术会议论文集, 1999: 149-150.

[13] 王东, 利节, 许莎. 人工智能. 北京: 清华大学出版社, 2019.